特色茶艺教育

冯 岩◎著

经济日报出版社
北 京

图书在版编目（CIP）数据

特色茶艺教育 / 冯岩著. -- 北京：经济日报出版
社，2025. 3.
ISBN 978-7-5196-1541-3

Ⅰ. TS971.21

中国国家版本馆CIP数据核字第2024FV7806号

特色茶艺教育
TESE CHAYI JIAOYU

冯 岩 著

出版发行：经济日报出版社

地　　址：北京市西城区白纸坊东街 2 号院 6 号楼
邮　　编：100054
经　　销：全国各地新华书店
印　　刷：明玺印务（廊坊）有限公司
开　　本：710mm×1000mm　1/16
印　　张：12.25
字　　数：200 千字
版　　次：2025 年 3 月第 1 版
印　　次：2025 年 3 月第 1 次
定　　价：68.00 元

内容简介

《特色茶艺教育》是一部全面探讨现代茶艺与青年文化、海南茶文化根基与发展、多元文化背景下的茶艺教育，以及茶艺与海南经济社会发展的专著。本书通过对新式茶饮、健康生活方式、海南特有茶叶品种、老爸茶传统、创新茶艺教育课程、多元文化交流和茶文化旅游的深刻分析，展现了茶艺在当代社会中的重要地位和广泛影响。无论是茶艺爱好者、教育工作者，还是茶产业从业者，本书都将为其提供丰富的知识和独特的视角。

前　言

　　茶文化，作为中华传统文化的重要组成部分，深深融入人民群众的日常生活。随着时代的变迁和社会的发展，现代茶艺在年轻群体中掀起了一股新的潮流。《特色茶艺教育》正是为了捕捉这种潮流的脉动，深入探讨茶艺在当代社会中的新形态和多样化发展。本书从多个角度切入，全面解析现代茶艺与青年文化的互动。首先，本书将深入探讨新式茶饮的种类与制作技巧，以及年轻消费者的偏好与消费行为，揭示茶饮如何在社交媒体的推动下成为时尚元素，并且展示创新茶饮品牌如何通过市场策略赢得消费者青睐。其次，健康生活方式的章节将带领读者了解茶在现代健康理念中的重要性，并探讨茶的功能性和科学研究成果。海南作为中国重要的茶叶产地，其独特的地理环境和丰富的茶文化在书中占据重要篇幅。通过分析海南茶叶的生长环境、特有茶叶品种、传统老爸茶文化以及其在现代社会的地位，读者将对海南茶文化有更深刻的理解。本书还将深入探讨茶艺教育的创新与设计，展示如何在多元文化背景下进行茶艺教学，如何利用教育技术提高教学效果，以及如何通过国际合作与交流推动茶艺教育的发展。最后，通过茶艺与海南经济社会发展的互动，展示茶文化旅游的开发与推广，以及茶业对地方经济的贡献。本书不仅是对茶文化的致敬，更是对未来茶艺发展的展望。希望本书能够为茶艺爱好者、教育者以及茶产业从业者提供宝贵的见解和参考，推动茶文化在现代社会的传承与创新。

目　录

第一篇　现代茶艺与青年文化

第二篇　海南茶文化的根基与发展

第三篇　茶艺教育与多元文化融合

第四篇　茶艺与海南经济社会发展

第一篇　现代茶艺与青年文化

第一章　新式茶饮与年轻人的茶文化

本章首先介绍了当前流行的多种新式茶饮，从珍珠奶茶到冷泡茶，深入探讨了这些茶饮的制作技巧和创新之处。其次，分析了年轻消费者的茶饮偏好与消费行为，揭示其在选择茶饮时所考虑的因素以及消费习惯的变化。随着社交媒体的普及，茶饮在网络平台上的传播和互动成为新的趋势。再次，探讨了茶饮与社交媒体的紧密联系，分析了茶饮如何通过这些平台吸引和影响年轻消费者。最后，通过对创新茶饮品牌的案例分析，揭示了其成功的市场营销策略和品牌推广方法，为读者提供了宝贵的商业经验和启示。

第一节　流行茶饮的种类与制作技巧

一、多样化的茶饮选择

现代茶饮市场的多样性和创新性使人眼花缭乱。无论是传统茶饮还是新式茶饮，都展现了茶文化的无限可能和市场的巨大潜力。消费者对茶饮的需求越来越多样化，从传统的绿茶、红茶到各种花草茶，再到新兴的奶盖茶、果茶和冷泡茶，每一种茶饮都有其独特的口感和制作工艺，能够满足不同消费者群体的差异化需求。

传统茶饮，如绿茶、红茶、乌龙茶和普洱茶等，仍然占据着茶饮市场的重要地位。这些茶叶种类有着悠久的历史和丰富的文化内涵。绿茶以其清新的口感和高含量的抗氧化物质深受消费者喜爱，尤其在追求健康生活方式的现代社会，绿茶的保健功效得到广泛认可。红茶则以其浓郁的香气和醇厚的口感吸引了大量茶饮爱好者，特别是在西方国家，红茶常常作为日常饮品，搭配牛奶和糖成为经典的英式下午茶。

乌龙茶是一种介于绿茶和红茶之间的半发酵茶，具有独特的花香和果香，且不同品种和产地的乌龙茶风味各异，如台湾的高山乌龙茶和福建的铁观音，各自拥有忠实的消费者群体。普洱茶则以其独特的发酵工艺和陈化过程著称，具有越陈越香的特点，深受茶叶收藏爱好者和注重健康养生的消费者青睐。

在坚守传统的同时，现代茶饮市场也在不断创新。例如，传统茶饮的冷泡工艺逐渐流行起来，冷泡茶以其清爽的口感和低苦涩度吸引了大量年轻消费者。这种新颖的制作方式不仅更好地保留了茶叶的营养成分，还增加了饮用的趣味性和便利性。

在现代茶饮市场中，新式茶饮种类层出不穷，满足了消费者对口感和体验的多重需求。奶盖茶作为近年来备受欢迎的一种茶饮，以其独特的口感和丰富的层次性征服了无数茶饮爱好者。奶盖茶的制作工艺相对复杂，需要将新鲜奶油与海盐、糖等配料混合打发，然后倒在茶底上，形成一层厚厚的奶盖。奶盖与茶底的结合，不仅在口感上形成了丰富的层次感，还在视觉上带来了极大的享受。

果茶则是另一种新式茶饮，通过将新鲜水果与茶叶结合，创造出多重口味的健康饮品。果茶种类繁多，如柠檬红茶、芒果绿茶、草莓乌龙茶等，每种果茶都有其独特的风味和口感。果茶不仅满足了消费者对清爽口感的需求，还因为加入了新鲜水果，增加了饮品的营养价值，尤其受到注重健康和新鲜感的年轻消费者喜爱。

冷泡茶近年来在茶饮市场中迅速崛起，成为一种时尚饮品。冷泡茶的制作方法与传统的热泡茶截然不同，它需要将茶叶置于冷水中长时间浸泡，一般需要几个小时甚至一夜。冷泡茶的制作过程虽然漫长，但其独特的口感和低苦涩度深受年轻消费者青睐。

冷泡茶的低温萃取过程能减少高温对茶叶细胞的破坏，使得茶叶中的苦涩物质减少，口感更加清爽甘甜。此外，冷泡茶还保留了茶叶中的大部分营养成分，如维生素和抗氧化物质，成为一种健康的饮品选择。冷泡茶的便捷性也使其成为忙碌都市人群的理想选择，只需提前准备好茶叶和水，放入冰箱冷藏，即可在需要时随时享用。

花草茶作为现代茶饮的一部分，以其自然的香气和丰富的营养价值备受推崇。花草茶种类繁多，包括玫瑰花茶、茉莉花茶、菊花茶、薰衣草茶等，每一种花草茶都有其独特的香气和功效。玫瑰花茶以其美白养颜、疏肝理气的功效和淡雅的花香吸引了大量女性消费者；茉莉花茶则以其清新的香气和舒缓情绪的效果成为人们放松身心的选择。

花草茶不仅口感怡人，还具有一定的保健功能。例如，菊花茶具有清热解毒、明目降火的作用，适合在夏季饮用；薰衣草茶则以其镇静安神、纾解压力的效果，成为帮助入眠的天然饮品。花草茶的制作过程相对简单，只需将干燥的花草加入热水中浸泡即可，方便快捷，适合日常饮用。

现代茶饮市场的多样化不仅体现在茶饮种类的日益丰富上，还表现在品牌的创新和市场策略上。许多新式茶饮品牌通过创新的产品设计和市场推广，成功吸引了大量消费者。例如，一些品牌推出了"茶饮+"的概念，将茶饮与其他元素结合，如茶饮+甜品、茶饮+轻食，为消费者提供更丰富的消费体验。

社交媒体的普及也为茶饮品牌的推广带来了新的机遇。通过在抖音、微博等平台上发布精美的茶饮图片和视频，品牌可以迅速吸引年轻消费者的关注。此外，一些品牌还与网红合作，通过直播和短视频的形式进行推广，进一步扩大品牌影响力。

消费者对个性化和定制化的需求也推动了茶饮市场的创新。一些品牌推出了定制茶饮服务，消费者可以根据个人口味选择茶底、奶盖、果汁等配料，打造专属的茶饮。这种个性化的服务不仅提高了消费者的参与感和满意度，还增强了品牌的黏性。

二、制作工艺的创新

流行茶饮不仅在种类上有所突破，其制作工艺也充满了创新。现代茶艺师通过精细的泡茶技艺、精准的温度控制以及独特的配料搭配，创造出了一系列令人耳目一新的茶饮品类，使茶文化焕发出新的生机。

现代茶艺师在泡茶技艺上的创新令人瞩目。传统的泡茶方法虽然经典，但在快节奏的现代生活中显得有些烦琐。为了适应现代人的生活方式，茶艺师对传统技艺进行了改良。冷泡茶的制作方法就是一个很好的例子。冷泡茶制作简单便捷，非常适合现代人的饮茶需求。

除了泡茶技艺的创新，温度控制也是现代茶饮制作中不可忽视的一个环节。不同种类的茶对水温的要求各不相同，过高或过低的水温都会影响茶叶的风味和营养成分的释放。现代茶艺师通过精密的温控设备，能够精确控制每一道茶饮制作的水温。例如，绿茶和白茶适合用 80℃ 左右的水冲泡，以保留其清新的口感和丰富的维生素，而红茶和乌龙茶则需要 90～100℃ 的高温水，以充分释放其浓郁的香气和醇厚的滋味。通过精确的温度控制，茶艺师能够最大程度地激发出茶叶的特性，使每一杯茶饮都达到最佳的品饮状态。

配料搭配的创新也是现代茶饮制作工艺的一大亮点。传统茶饮通常只是单纯的茶叶和水的结合，而现代茶艺师则通过加入各种新奇的配料，创造出独具特色的茶饮。例如，珍珠奶茶就是在红茶或绿茶茶底中加入珍珠、牛奶和糖浆，使茶饮口感更加丰富、层次更加多样。此外，柠檬、薄荷、姜片等新鲜配料的加入，也使得茶饮在口味上更加丰富、独特。茶艺师不断尝试各种新的搭配，力求在保持茶香的基础上，赋予茶饮更多的味觉体验。

现代茶饮制作工艺的创新不仅体现在技术层面，还体现在文化层面。茶艺师通过对传统茶文化的再理解和再创造，巧妙地将现代元素融入其中，使茶文化焕发出新的生机。例如，茶鸡尾酒就是将传统的茶艺与西方的鸡尾酒文化相结合，通过茶叶和酒精的巧妙搭配，创造出一种全新的饮品形式。茶鸡尾酒既保留了茶的天然香气，又具有鸡尾酒的独特风味，受到了许多年轻人的喜爱。

在茶饮制作工艺的创新过程中，科技的应用也起到了重要的推动作用。现代茶艺师利用先进的设备和技术，提高了茶饮制作的效率和质量。例如，智能泡茶机通过预设的程序，可以精确控制水温、泡茶时间等参数，使茶饮制作变得更加简便和标准化。此外，真空低温萃取技术的应用，使茶叶在低温环境下长时间浸泡，最大限度地保留了茶叶的营养成分和天然香气，制作出的茶饮口感更加纯正、健康。

现代茶饮的创新不仅满足了消费者的味觉需求，也推动了茶文化的传播和发展。通过举办各种茶饮制作表演和体验活动，更多的人了解和体验到现代茶饮的魅力。例如，茶艺展示活动中，茶艺师通过现场演示茶饮的制作过程，向观众传授茶艺知识和技艺，让人们在观赏和品尝的过程中，更加深入地了解茶文化。此外，各种茶饮制作比赛和评选活动，也为茶艺师提供了一个展示和交流的平台，促进了茶饮制作工艺的不断提高和创新。

在现代茶饮制作工艺的创新过程中，环境保护和可持续发展也是一个重要的考虑因素。茶艺师在选择茶叶和配料时，应注重其来源和生产过程，力求使用有机茶叶和天然配料，减少对环境的影响。例如，许多茶饮品牌开始使用可降解的茶袋和环保包装材料，以减少塑料垃圾的产生。同时，在茶园的管理和茶叶的生产过程中，采用生态种植和绿色生产的方法，保护茶园的生态环境。

现代茶饮制作工艺的创新，不仅提升了茶饮的品质和口感，也推动了茶文化的传承和发展。茶艺师通过精细的泡茶技艺、精准的温度控制以及独特的配料搭配，研制出了一系列令人耳目一新的茶饮，丰富了人们的饮茶体验。同时，现代科技的应用和环保理念的融入，也为茶饮制作工艺注入了新的活力。未来，随着人们对茶饮需求的不断提高和茶艺师的不断探索，相信现代茶饮制作工艺还会有更多的创新和突破，为茶文化的发展开辟新的天地。

三、科技在茶饮制作中的应用

随着科技的迅猛发展，传统的茶饮制作方法也得到了革新，越来越多的现代科技被引入茶饮制作的各个环节。智能泡茶机、冷泡茶技术，以及其他创新手段的应用，不仅提高了茶饮制作的效率和品质，还丰富了消费者的体验，推动了茶文化的现代化和国际化进程。

智能泡茶机的出现为茶饮制作带来了革命性的变化。在传统泡茶过程中，水温、水量、时间等变量都会影响茶的口感和质量，而这些因素往往需要丰富的经验才能准确把握。智能泡茶机通过内置的智能控制系统，能够精确控制每一个环节。例如，用户只需设定所需的茶叶种类和口感偏好，智能泡茶机便会自动调节水温、冲泡时间和水量，确保每一杯茶都达到最佳口感。这样的技术不仅解决了传统泡茶中人为操作不稳定的问题，也让普通消费者能够轻松享受到专业水准的茶饮。

智能泡茶机的应用不仅限于家庭和个人消费者，它在茶饮店、餐饮业和办公环境中也表现出了巨大的潜力。在茶饮店和餐饮业中，智能泡茶机可以大大提高服务效率，减少人工成本，同时保证每一杯茶的品质和口感。在办公环境中，智能泡茶机为员工提供了一种便捷、健康的饮品选择，有助于提升员工的满意度和工作效率。

除了智能泡茶机，冷泡茶技术的发展也是茶饮制作中的一大亮点。科学研究表明，冷泡茶中所含的茶多酚、氨基酸和维生素等活性成分比热泡茶更丰富，这使得冷泡茶不仅口感清爽，还具有更高的健康价值。

冷泡茶技术的应用不仅限于家庭自制，许多茶饮品牌也推出了瓶装冷泡茶产品，这些产品因其健康、便捷和时尚的特点，深受年轻消费者的喜爱。冷泡茶产品在市场上的热销，不仅推动了茶饮行业的创新和发展，也促进了茶文化在全球范围内的传播。

除了智能泡茶机和冷泡茶技术，其他现代科技手段也在茶饮制作中得到了广泛应用。例如，自动化加工设备可以提高茶叶的生产效率和产品质量，通过精确控制每一个加工环节，确保茶叶的香气和营养成分得到最大程度保留。此外，茶叶质量检测技术的应用也得到了显著提升，通过先进的光谱分析和图像识别技术，能够快速、准确地检测茶叶的品质，确保每一批茶叶都符合严格的质量标准。

在茶饮的包装和储存方面，现代科技也发挥了重要作用。真空包装技术、气调保鲜技术和智能仓储系统的应用，使得茶叶在运输和储存过程中能够保持新鲜，防止氧化和潮解。这不仅延长了茶叶的保质期，也保证了消费者在品饮时能够享受到新鲜、纯正的茶香。

茶饮制作中的科技应用还延伸到了茶文化的传播和教育领域。虚拟现实（VR）和增强现实（AR）技术的应用，让消费者能够通过虚拟茶园和茶艺表演，深入了解茶叶的种植、加工和泡饮过程。这样的技术不仅丰富了消费者的体验，也促进了茶文化的传承和创新。例如，一些茶叶品牌利用 VR 技术，在全球各地的展会上展示茶园风光和制茶工艺，让观众仿佛置身其中，增强了品牌的吸引力和认同感。

在教育领域，茶艺培训课程也开始引入现代科技，通过在线学习平台、视频教学和互动应用，让更多人能够方便地学习和掌握茶艺知识。尤其是在疫情期间，在线茶艺课程的需求大幅增加，科技为茶艺教育提供了新的途径和可能性。

科技在茶饮制作中的应用为传统茶文化注入了新的活力。从智能泡茶机到冷泡茶技术，再到各种自动化设备和现代检测手段，科技的进步使得茶饮制作更加精准、便捷和高效。这不仅提高了茶饮的品质和口感，也丰富了消费者的选择和体验。与此同时，现代科技还促进了茶文化的传播和教育，为茶文化的传承和创新提供了新的动力。在未来，随着科技的不断发展和进步，茶饮制作和茶文化传播将迎来更加广阔的发展前景。

第二节　年轻消费者的茶饮偏好与消费行为

一、口味多样化

在现代社会中，茶饮文化经历了显著的转变和发展，尤其是年轻消费者对于茶饮的口味表现出越来越多样化、差异化的需求。这种现象不仅反映了他们对传统茶饮优秀文化的传承和创新，也折射出当代生活方式和消费心理的深刻变化。

年轻消费者对茶饮口味的多样化需求，源自他们对个性化体验的强烈追求。身处信息爆炸、选择丰富的时代，传统单一的纯茶味已经无法完全满足年轻人的口味偏好。他们希望在茶饮中找到更多的变化和惊喜。这种需求促使茶饮市场不断创新，推出各种混合口味的茶饮品类，如水果茶、奶茶和气泡茶等。这些新口味不仅在视觉上更加吸引人，而且在味觉上也提供了多层次的享受。

水果茶作为一种新式的茶饮品类，以其丰富的果香和清新的口感，迅速赢得了年轻消费者的喜爱。水果茶通常以绿茶或红茶为基础，加入新鲜水果或果汁，配以蜂蜜或糖浆调味。这样的组合不仅保留了茶的清香，还增添了水果的甜美和酸爽，满足了年轻人对健康和美味的双重需求。例如，柠檬绿茶、草莓红茶和芒果乌龙茶等口味，都在市场上受到热烈欢迎。这种茶饮不仅适合夏季饮用，解暑解渴，还富含维生素和多种天然抗氧化剂，有助于健康。

奶茶作为另一种深受年轻人喜爱的茶饮，体现了传统与现代的完美结合。经典的奶茶通常以红茶或绿茶为基础，加入奶或奶制品，调制出奶香浓郁、口感顺滑的饮品。随着市场需求的变化，奶茶的口味也变得越来越多样化。除了传统的港式奶茶和台式珍珠奶茶，市场上还出现了各种创意奶茶，如黑糖奶茶、牛乳奶茶和芋泥啵啵奶茶等。这些创新口味不仅提升了奶茶的层次感，还吸引了更多潜在的消费者尝试和分享。

气泡茶作为一种新潮的茶饮品类，以其独特的口感和丰富的口味，迅速风靡全球。气泡茶通常以茶饮为基础，加入碳酸水或气泡水，配以各种口味的糖浆或果汁，调制出清爽、带有气泡的饮品。这种茶饮不仅在口感上有别于传统茶饮，还在视觉上具有很强的吸引力。例如，柚子气泡茶、荔枝气泡茶和蓝莓气泡茶等，都以其独特的风味和口感，赢得了大批年轻消费者的青睐。气泡茶不仅适合日常饮用，还成为社交场合的时尚饮品。

年轻消费者对茶饮口味的多样化需求，还反映在他们对新奇和创意的追求上。与传统的单一茶味不同，现代茶饮往往融合了多种口味元素，形成复杂而丰富的味觉体验。例如，花果茶就是将花香与果香结合起来，形成独特的风味。玫瑰茉莉绿茶、薰衣草柠檬红茶等，都是这种茶饮的代表。它们不仅味道独特，还具有一定的观赏性，适合年轻人在社交媒体上分享。

除了花果茶，茶鸡尾酒也是年轻消费者追求创意茶饮的一大表现。茶鸡尾酒是将茶与酒精混合调制而成的风味独特的饮品。例如，将绿茶与琴酒、柠檬汁混合，制成清爽的绿茶鸡尾酒；或是将红茶与朗姆酒、橙汁混合，调制成浓郁的红茶鸡尾酒。这种创新茶饮不仅提供了不同于传统茶饮的体验，还满足了年轻人对新奇和多样化的追求。

茶饮与健康生活方式的结合，也推动了茶饮口味的多样化发展。年轻人越来越重视健康和生活品质，茶作为一种天然、健康的饮品，自然成为他们的首选。然而，仅仅是传统的茶饮已经无法完全满足他们的多样化需求。因此，市场上涌现出各种强调健康概念的茶饮，如草本茶、养生茶和减肥茶等。这些茶饮不仅在口味上有所创新，还在功能性上予以强化。例如，加入薄荷的绿茶，具有清新口气、促进消化的功能；加入姜片的红茶，则具有驱寒保暖、提高免疫力的作用。

社交媒体的影响也是推动茶饮口味多样化的重要因素之一。在社交媒体上，年轻人喜欢分享他们的日常生活和美食体验。色彩鲜艳、造型独特的茶饮，很容易吸引年轻群体的注意，并成为其分享的热点话题。茶饮品牌也因此不断推陈出新，推出各种创意茶饮，以吸引年轻消费者。例如，带有渐变色彩的层次茶饮，或是加入可食用花朵、金箔等装饰的高颜值茶饮，都在社交媒体上引起了广泛关注和讨论。

年轻消费者对茶饮口味的多样化需求，是现代茶饮文化发展的重要动力。他们不仅喜欢传统的纯茶味，还热衷于各种混合口味的茶饮，如水果茶、奶茶和气泡茶。这些新口味不仅满足了他们对新奇和多样化的追求，还反映了他们对个性化、健康和创意的强烈需求。在未来，茶饮市场将继续发展，不断推出更多口味多样、富有创意的茶饮，以满足年轻消费者日益变化的口味偏好。茶饮文化的多样化，也将进一步促进茶文化的传承和创新，为茶饮市场注入更多的活力。

二、健康意识的增强

随着人们健康意识的不断增强，年轻消费者越来越注重饮食安全与健康，特别是在饮品的选择上，他们表现出了更高的要求和期待。茶饮作为一种传统而又深受欢迎的饮品，因其天然、健康的属性，逐渐成为年轻消费者的首选。

年轻消费者在选择茶饮时，首先考虑的是其健康属性。茶饮，尤其是各种天然茶叶，如绿茶、红茶、乌龙茶等，因其富含多种有益成分，备受青睐。绿茶中的茶多酚和儿茶素被广泛认可为强效抗氧化剂，能够帮助中和体内的自由基，减缓细胞老化和预防慢性疾病的发生。红茶和乌龙茶则因其含有丰富的黄酮类化合物，具有改善血液循环，促进新陈代谢的作用，有助于心血管健康。

年轻人越来越意识到，日常饮用这些天然茶饮，不仅能够满足口感需求，还能在潜移默化中提升身体的免疫力，预防疾病。相比于含糖量高、添加剂多的碳酸饮料和果汁，茶饮因其天然低糖、低热量的特性，更加符合年轻一代对健康生活方式的追求。

近年来，低糖、低热量的饮食趋势愈发明显。许多年轻人开始有意识地控制每日的糖分和热量摄入，以达到保持体重、预防糖尿病和其他代谢疾病的目的。茶饮作为一种天然的低热量饮品，自然成为他们的首选。无糖茶和微糖茶在市场上愈发普及，满足了不同消费者对茶饮甜度的多样化需求。

茶饮品牌也敏锐地捕捉到了这一市场需求，纷纷推出低糖、无糖的茶饮产品。例如，许多品牌在制作茶饮时，减少了糖浆和甜味剂的使用，转而采用新鲜水果或蜂蜜进行调味。这不仅保持了茶饮的健康属性，还迎合了消费者对自然、纯净口感的追求。

除了传统的茶叶成分，现代茶饮产品还在不断创新，加入各种功能性成分，进一步提升其健康价值。例如，许多品牌在茶饮中加入了维生素 C、维生素 E 等抗氧化剂，以增强茶饮的抗氧化效果。此外，益生菌、膳食纤维等成分的加入，也使茶饮具有了调节肠道菌群、促进消化的作用。

这种功能性茶饮的兴起，反映了消费者对健康饮品的多样化需求。年轻人不仅希望通过饮茶获取传统的健康益处，还希望能够从中获得更多的营养成分和保健效果。茶饮与功能性成分的结合，不仅丰富了茶饮的种类和口味，也拓宽了其在健康领域的应用范围。

社交媒体在年轻人的生活中占据着重要地位，也是健康茶饮推广的重要平台。许多茶饮品牌通过社交媒体宣传其产品的健康属性，吸引了大量的关注和追随者。

同时，健康博主和营养专家也通过社交媒体，分享关于茶饮健康属性的科学知识和个人体验，进一步推动了健康茶饮的流行。这种由品牌和个人共同推动的社交媒体宣传，使得健康茶饮的理念深入人心，获得了越来越多年轻消费者的青睐。

面对健康意识增强的消费趋势，茶饮品牌在市场策略上也进行了相应的调整。一方面，品牌在产品研发上更加注重健康属性，推出更多低糖、低热量、富含功能性成分的茶饮。另一方面，品牌在营销宣传中，突出产品的健康益处，通过科学研究和数据支持，增强消费者的信任感。

茶饮品牌还积极参与健康生活方式的推广，例如赞助健康跑步、瑜伽等活动，提升品牌的健康形象。这些市场策略的调整，不仅帮助品牌赢得了消费者的认可，也推动了健康茶饮市场的不断发展壮大。

随着健康意识的不断增强，年轻消费者对茶饮的选择越来越倾向于低糖、低热量，富含抗氧化剂、维生素和其他有益成分的产品。茶饮品牌也通过创新产品、功能性成分的添加和积极的市场策略,满足了消费者需求。社交媒体的广泛宣传,更是加速了健康茶饮的普及。

三、消费习惯的变化

随着社会的发展和科技的进步,年轻一代的消费行为发生了显著变化,特别是在茶饮消费方面。传统的消费模式正在被颠覆,移动互联网成为新的消费主战场,年轻人对茶饮的购买和分享也展现出不同以往的特点。这些变化不仅反映了技术带来的便利性和多样性,也揭示了年轻人独特的消费心理和价值观。

移动互联网的普及深刻改变了年轻人的消费行为。智能手机的广泛使用和移动支付的便捷性,使得年轻人可以随时随地购买茶饮。从茶饮店的在线预订到外卖平台的即时配送,移动互联网极大地提升了消费体验的便捷性和效率。许多年轻人习惯通过手机应用程序浏览茶饮菜单、查看用户评价、进行订单支付,并通过社交媒体分享他们的消费体验。这种消费方式不仅节省了时间,也提供了更丰富的信息资源,让消费者能够做出更明智的选择。

社交媒体在年轻人的消费行为中扮演着至关重要的角色。通过社交媒体平台,如抖音、微信、小红书等,年轻人不仅可以发现新的茶饮品牌和产品,还能分享他们的消费体验,形成口碑传播。这些平台上的视觉内容,吸引了大量粉丝的关注和互动,推动了茶饮的品牌传播和市场推广。通过社交媒体,年轻人能够与品牌建立情感连接,了解品牌背后的故事和文化背景,从而增强顾客的品牌忠诚度。

与过去相比,年轻人更加注重品牌的故事和文化背景。他们不仅关心产品的质量和价格,更关注品牌所传递的价值观和生活方式。一家茶饮品牌如果能讲述一个动人的故事,传递品牌价值观,展示独特的文化背景,将会更容易赢得年轻消费者的青睐。比如,一些茶饮品牌通过展示茶叶的产地、制作工艺和茶农的生活,传递出一种自然、纯粹的品牌形象,这种真实而感人的故事往往能够打动年轻消费者的心。

高品质和个性化是年轻人在消费茶饮时的重要追求。随着生活水平的提高,年轻人愿意为高品质的茶饮支付溢价,他们不仅关注茶饮的口感和健康属性,还对茶饮的原料来源、制作工艺等细节有较高的要求。同时,个性化服务也是吸引年轻消费者的重要因素。一些茶饮品牌通过提供定制化服务，如根据消费者的口味偏好调配茶饮、设计个性化的包装等，满足了年轻人追求独特的消费需求。

环保和可持续发展逐渐成为年轻人消费行为中的重要考量因素。许多年轻人希望通过自己的消费行为践行绿色环保和可持续发展的理念。因此，一些茶饮品牌开始注重环保包装的使用，以减少对环境的影响。此外，品牌的社会责任和公益活动也会影响年轻人的消费决策。那些积极参与环保和社会公益的品牌，更容易赢得年轻消费者的信任和支持。

年轻人对消费体验的重视程度不断提升，单纯的产品购买已经不能满足他们的需求。许多茶饮品牌通过打造独特的消费场景和体验，提升消费者的满意度。例如，一些茶饮店设计了别具一格的店面风格，营造出舒适和时尚的氛围，让消费者在享受茶饮的同时，也能体验到愉悦的空间感受。此外，通过举办茶艺表演、茶叶品鉴等活动，增强与消费者的互动，提升品牌的吸引力。

数字化营销手段的广泛应用，也在改变着年轻人的消费行为。通过大数据分析，茶饮品牌能够更准确地了解年轻消费者的偏好和需求，制定有针对性的营销策略。通过个性化推荐、精准投放广告以及会员积分等营销手段，使得品牌能够与消费者建立更紧密的联系，提高客户忠诚度和复购率。同时，通过在线营销活动，如直播带货、线上互动游戏等，进一步激发年轻人的消费热情和参与感。

新式茶饮品牌的崛起，也反映了年轻人消费习惯的变化。这些新兴品牌通常具有鲜明的品牌个性和创新的产品形式，能够迅速吸引年轻消费者的关注。例如，一些品牌推出了具有跨界特色的茶饮，如茶与咖啡的混合饮品、新鲜水果与茶的结合等，这些新颖的产品形式满足了年轻人追求新奇和变化的心理需求。此外，新兴品牌还通过社交媒体和线上线下融合的营销方式，快速占领市场，赢得了大量年轻消费者的青睐。

年轻人的消费行为正在向更加个性化、高品质和体验化的方向发展。移动互联网的普及、社交媒体的影响、对品牌故事和文化背景的关注、对高品质和个性化的追求、环保和可持续发展的考量，以及数字化营销和新式茶饮品牌的崛起，都是影响年轻人茶饮消费行为的重要因素。茶饮品牌只有不断创新，迎合市场变化，才能在激烈的市场竞争中脱颖而出，赢得年轻消费者的青睐。

第三节　茶饮与社交媒体的互动

一、品牌营销的新平台

社交媒体在近年来迅速崛起，成为品牌营销的一个全新且极为重要的平台。对于茶饮品牌而言，这种变革提供了前所未有的机遇，让他们能够更加精准、高效地接触到目标消费者。在微博、微信、小红书等平台上，进行产品展示和品牌宣传，茶饮品牌不仅能够吸引大量的关注，还能大幅提升品牌的知名度和美誉度。

社交媒体平台本身的特性决定了其在品牌营销中的独特优势。例如，微博作为一个开放性极强的平台，其信息传播速度快、覆盖面广，是茶饮品牌进行营销推广的绝佳渠道。通过在微博上发布与品牌相关的内容，如新品发布、品牌故事、饮品制作过程等，可以迅速吸引粉丝的眼球，促成大量的转发和评论，进一步扩大品牌的影响力。特别是通过与微博大 V 或有影响力的 KOL（Key Opinion Leader，关键意见领袖）合作，品牌能够借助他们的粉丝基础，快速提升品牌曝光度，达到事半功倍的效果。

微信作为一个更加私密和互动性强的平台，为品牌提供了与客户建立深度联系的机会。茶饮品牌可以通过微信公众号推送高质量的内容，如茶文化知识、健康饮茶的好处、品牌活动预告等，与粉丝进行深度互动。通过微信公众号的互动功能，品牌还可以收集消费者的反馈，了解他们的需求和偏好，从而进行有针对性的改进和优化。此外，微信小程序的推出，更是为品牌提供了新的营销工具。通过小程序，品牌可以实现在线点单、会员管理、优惠券发放等功能，进一步提升用户的便利性和黏性。

小红书作为近年来崛起的以分享生活方式和消费经验为主的平台，其用户群体主要为年轻的女性消费者，这与茶饮品牌的目标受众高度契合。通过在小红书上发布精美的图片和视频，展示产品的独特卖点和使用场景，品牌能够有效吸引部分消费者的注意力。特别是通过 KOL 的真实体验分享和推荐，能够极大增强品牌的可信度和吸引力。小红书的用户乐于分享自己的消费体验，这为品牌提供了大量的用户生成内容（UGC），这些内容不仅为其他用户提供了真实可信的参考，也为品牌带来了更多的曝光机会。

在这些社交媒体平台上，视觉内容的质量直接影响到用户的第一印象，从而决定了他们是否会进一步关注品牌。茶饮品牌在进行社交媒体营销时，需要注重视觉内容的制作，确保图片和视频的高质量和高创意性。通过专业的拍摄和设计，展示茶饮的外观、独特性以及品牌的文化内涵，从而吸引用户的眼球。此外，通过视频展示饮品的制作过程，不仅能够增强用户对产品的兴趣，还能够传达品牌的专业性和用心，提升用户的信任度。

社交媒体平台的互动性和实时性也是茶饮品牌营销的一个重要优势。例如，在微博上发起话题讨论或投票活动，可以引发大量用户的参与和讨论，增强品牌的互动性和参与感。在微信上，通过留言板或在线客服，品牌可以及时解答用户的问题和疑虑，提供优质的客户服务，提升用户的满意度和忠诚度。在小红书上，通过与用户的评论互动和点赞，可以增强用户的参与感和归属感，进一步提升品牌的美誉度。

社交媒体平台还为茶饮品牌提供了精准营销的机会。通过平台的用户数据分析和广告投放工具，品牌可以根据用户的兴趣爱好、消费习惯、地理位置等进行精准投放，提高广告的有效性和转化率。例如，通过微博的定向广告投放，可以将品牌信息推送给那些对茶饮有兴趣的用户，从而提高广告的点击率和转化率。在微信上，通过朋友圈广告和公众号广告，可以根据用户的地理位置、年龄、性别等进行精准投放，提升广告的针对性和有效性。在小红书上，通过与KOL合作和内容种草，可以将品牌信息精准传递给目标用户，提升品牌的影响力和销售转化率。

社交媒体为茶饮品牌提供了一个全新的营销平台，通过微博、微信、小红书等平台，茶饮品牌能够迅速吸引大量关注，提升品牌知名度和美誉度。社交媒体平台的互动性、实时性和精准性，使得品牌能够与用户进行深度互动，了解他们的需求和偏好，提供优质的客户服务和个性化的营销内容，从而提升用户的满意度和忠诚度。未来，随着社交媒体的不断发展和创新，茶饮品牌将迎来更多的机遇和挑战，品牌只有不断创新和优化营销策略，才能在竞争激烈的市场中脱颖而出，赢得更多用户的喜爱和支持。

二、消费者互动与反馈

社交媒体的兴起彻底改变了品牌与消费者之间的互动方式，使这种互动变得前所未有的直接和高效。通过平台上的评论、点赞和分享，消费者不仅能够表达自己的意见和需求，还能够与品牌建立更紧密的联系。这种互动形式不仅丰富了品牌的传播途径，也为品牌提供了宝贵的即时反馈，帮助其不断优化产品和服务。

在传统的营销模式中，品牌与消费者之间的互动往往是单向的，消费者只能被动地接受广告和宣传信息。社交媒体的普及使这种单向的互动模式发生了根本性的变化。如今，消费者可以通过各种社交媒体平台直接与品牌互动。这种互动不仅限于简单的购买行为，还包括评论产品、分享使用体验、参与品牌活动等多种形式。通过评论区，消费者可以直接表达对产品的看法，提出建议或意见，而品牌则可以在第一时间回复消费者，更好地解决他们的问题，满足他们的需求。这种即时的双向沟通不仅提高了消费者的参与感和满意度，也增强了品牌的亲和力和信任度。

即时反馈是社交媒体时代的一个显著特征。消费者可以随时随地通过社交媒体平台对品牌的产品和服务发表意见。这些反馈对于品牌而言是非常宝贵的信息资源，因为它们直接反映了消费者的真实需求和感受。通过分析这些反馈，品牌可以迅速发现产品和服务中的问题，及时进行调整和改进。例如，如果一款新推出的饮料在社交媒体上被大量消费者反馈口味不佳，品牌可以立即调整配方或推出新口味，以满足消费者的需求。此外，消费者的反馈还可以帮助品牌了解市场趋势和消费者偏好，从而为产品创新和市场策略提供指导。

社交媒体平台为品牌与消费者之间的互动提供了丰富的形式。除了评论和点赞，分享也是一种重要的互动方式。当消费者在社交媒体上分享他们的购买体验或使用心得时，不仅是在表达个人意见，还在为品牌进行口碑传播。通过消费者的分享，品牌可以借助社交媒体的广泛传播效应，迅速扩大知名度和影响力。此外，品牌还可以通过举办线上活动、开展有奖问答等方式，鼓励消费者积极参与互动。这种多样化的互动形式不仅增加了品牌与消费者之间的接触，也丰富了消费者的品牌体验，增强了消费者对品牌的忠诚度和黏性。

社交媒体使品牌与消费者之间的互动变得更加直接和高效。通过评论、点赞和分享等方式，消费者不仅可以表达意见和情感，还可以提供即时的反馈，帮助品牌及时调整产品和服务。品牌需要充分利用这些互动机会，积极回应消费者的需求，不断优化产品和服务，提升品牌形象和消费者满意度。

三、用户生成内容的力量

用户生成内容（User Generated Content，UGC）在现代茶饮品牌的社交媒体营销中扮演着不可或缺的角色。UGC 不仅丰富了品牌的内容生态，还为品牌带来了真实、可信的传播效果，形成了品牌传播的良性循环。

UGC 的真实性和可信度是其最大的优势之一。相比于品牌自己发布的商业化广告内容，UGC 更能引起其他消费者的共鸣和信任。消费者往往会对其他消费者的体验和评价产生更高的信任感，因为这些内容没有明显的商业目的，而是源于用户的真实感受和分享意愿。例如，当一个茶饮品牌鼓励消费者分享他们的茶饮体验和创意照片时，这些内容通常能够生动地展示产品的实际效果和使用情境，打破了传统广告的距离感和虚假感。

UGC 的互动性和参与性也大大提升了品牌的影响力。在社交媒体平台上，用户不仅可以看到其他消费者的分享，还可以点赞、评论和转发，从而形成广泛的互动和传播。这种互动性不仅增加了品牌的曝光率，还增强了用户的参与感和归属感。当消费者在社交媒体上分享他们的茶饮体验时，实际上也在与品牌进行一种双向的互动，品牌通过点赞、评论和转发用户的内容，能够拉近与用户之间的距离，增强用户对品牌的忠诚度和认同感。

UGC 能够为品牌提供丰富的创意和灵感。消费者的创意往往是多样化和富有个性的，他们在分享茶饮体验时，会结合自身的生活情境和审美偏好，创造出许多新颖独特的内容。这些创意不仅为品牌的内容营销提供了源源不断的素材，还可能启发品牌在产品设计和市场推广方面的创新。例如，一些用户可能会提议在茶饮中加入不同的配料，创造出新的口味组合，这些创意有时会被品牌采纳，开发成新的产品线。

UGC还能够促进品牌的社区建设和粉丝经济的形成。通过鼓励用户生成内容，品牌能够逐渐形成一个由忠实消费者组成的社区，这些消费者不仅是品牌的忠实用户，更是品牌的支持者和传播者。在这个社区中，消费者可以互相分享和交流茶饮体验，品牌则可以通过组织线上线下活动，进一步增强社区的凝聚力和活跃度。这种社区建设不仅有助于提升品牌的知名度和美誉度，还能够为品牌带来持续的口碑传播和用户增长。

在具体的操作层面，茶饮品牌可以通过多种方式鼓励和引导用户生成内容。品牌可以通过设置主题标签(Hashtags)来鼓励用户在分享内容时使用统一的标签，这不仅方便了品牌对 UGC 的收集和管理,也增强了用户的参与感和归属感。例如，一个茶饮品牌可以设置一个特定的标签，如 #My Tea Moment，让用户在分享茶饮体验时使用这个标签，从而形成一个集中展示用户内容的平台。

品牌可以通过举办线上活动和竞赛来激发用户的创作热情。例如，品牌可以定期举办摄影比赛、创意视频比赛或茶饮配方创意比赛，邀请用户提交他们的作品，并为获胜者提供丰厚的奖品和荣誉。这些活动不仅能够产生大量优质的 UGC，还能激发用户的创作激情和参与热情，从而提升品牌的曝光率和影响力。

品牌还可以通过与社交媒体上的 KOL 和网红合作，进一步扩大 UGC 的影响范围。KOL 和网红在社交媒体上拥有大量的粉丝和影响力，他们的推荐和分享能够迅速引起广泛关注和传播。通过与 KOL 和网红合作，品牌可以借助他们的影响力，吸引更多用户参与到 UGC 的创作中来，从而实现更大的品牌传播效果。

品牌在利用 UGC 进行社交媒体营销时，也需要注意一些潜在的挑战和问题。首先，品牌需要确保 UGC 的真实性和合法性，避免用户生成的内容中出现虚假信息或侵犯他人权益的情况。品牌可以通过制定明确的 UGC 规范和审核机制，确保用户生成的内容符合相关法律法规和品牌形象要求。

品牌需要关注 UGC 的质量和多样性，避免内容同质化和单一化。虽然 UGC 具有丰富的创意和多样性，但品牌也需要对内容进行适当的筛选和优化，确保展示给公众的内容具有较高的质量和多样性，从而提升品牌的整体形象和吸引力。

品牌需要妥善处理与用户之间的关系，尊重用户的创作权和隐私权。品牌在利用 UGC 进行营销时，应该尊重用户的创作成果和版权，避免擅自使用用户的内容或侵犯用户的隐私权。同时，品牌可以通过给予用户适当的奖励和认可，增强用户的参与感和忠诚度，从而建立长期稳定的品牌用户关系。

用户生成内容在茶饮品牌的社交媒体营销中具有巨大的潜力和价值。通过鼓励用户生成内容，品牌不仅能够获得真实、可靠的信息，提高品牌的曝光率和影响力，还能够激发用户的创作热情，促进品牌的社区建设，推动粉丝经济的形成。

第四节　创新茶饮品牌与市场策略

一、品牌定位与差异化

在竞争激烈的茶饮市场中，创新茶饮品牌想要脱颖而出，品牌定位与差异化策略至关重要。品牌定位是指品牌在目标市场中所占据的独特位置，是品牌与消费者之间的一种心理认知。差异化则是指通过提供独特的产品、服务或体验，使品牌在众多竞争对手中显得与众不同。创新茶饮品牌通过明确的品牌定位和独特的产品特色，能够精准吸引特定的目标消费群体，从而在市场中获得竞争优势。

品牌定位需要深刻了解目标消费者的需求和心理。现代年轻人对于茶饮的需求不仅限于解渴，更在于追求一种时尚、健康和个性化的生活方式。因此，许多创新茶饮品牌将自己定位于"健康""天然""有机"等理念，以迎合年轻消费者对健康茶饮的追求。例如，一些品牌推出了低糖、低卡路里的茶饮产品，或者采用天然、有机的原材料，强调其健康价值。此外，还可以通过故事化的包装和宣传，赋予产品更多的文化和情感内涵，使消费者在购买和饮用时，能够感受到品牌所传递的独特价值和生活态度。

产品的差异化是品牌在市场中脱颖而出的关键。差异化可以体现在产品的配方、口感、包装和体验等多个方面。创新茶饮品牌往往通过研发独特的配方和口感，以满足消费者不断变化的口味需求。例如，冷泡茶、珍珠奶茶、艺术拉花茶和茶鸡尾酒等新式茶饮，通过不同的原料组合和制作工艺，为消费者提供了多样化的选择。同时，品牌还注重产品的视觉呈现和包装设计，通过创新的瓶装、杯装和礼盒设计，吸引消费者的目光，使其在众多产品中一眼就能辨识出品牌的独特性。

品牌定位与差异化还需要结合市场策略进行全面布局。可以通过精准的市场调研，了解目标消费群体的习惯和偏好，从而制定出有针对性的市场推广策略。例如，社交媒体已经成为现代年轻人获取信息和分享生活的重要平台，许多创新茶饮品牌通过与网红合作、开展线上互动和举办线下活动等方式，提升品牌在社交媒体上的曝光度和影响力。此外，还可以通过会员制度、积分兑换和个性化定制等方式，增强消费者的品牌忠诚度和黏性。

品牌定位与差异化还需要持续的创新和优化。茶饮市场变化迅速，消费者的需求和偏好也在不断变化，品牌需要保持敏锐的市场嗅觉和快速的反应能力，及时调整产品和市场策略。例如，一些品牌通过引入季节性限定款产品，以满足消费者对新鲜感的追求，同时通过定期推出新品，不断丰富产品线，增强品牌的竞争力。

在品牌定位和差异化竞争的过程中，还需要注重品牌的核心价值和理念。一个成功的品牌不仅是产品的集合，更是一种生活方式和价值观的体现。品牌需要通过一致的传播信息和营销活动，将核心价值和理念传递给消费者，与其建立深厚的品牌情感连接。例如，一些品牌通过环保包装、公益活动和社会责任实践，向消费者传递可持续发展的理念，树立良好的品牌形象，提升品牌的社会价值和影响力。

创新茶饮品牌在市场策略上注重品牌定位与差异化，通过明确的品牌定位和独特的产品特色，能够在竞争激烈的市场中脱颖而出，吸引特定的目标消费群体。品牌定位还需要深刻了解目标消费者的需求和心理，产品的差异化则需要通过创新的配方、口感、包装和体验来实现。同时，品牌需要结合市场策略进行全面布局，通过精准的市场调研、社交媒体推广和会员制度等方式，提升品牌的曝光度和影响力。持续的创新和优化，以及注重品牌核心价值和理念的传播，也是品牌成功的重要因素。通过这些策略，创新茶饮品牌能够在市场中建立独特的竞争优势，实现长期的可持续发展。

二、跨界合作与联名款

在当今竞争激烈的茶饮市场中，跨界合作与联名款已经成为创新茶饮品牌扩大影响力和吸引消费者的关键策略。跨界合作不仅能够帮助茶饮品牌打破行业壁垒，借助其他领域的影响力提升自身知名度，还能通过创意和创新为消费者带来耳目一新的体验。联名款更是成为茶饮品牌吸引年轻消费者和引发市场热议与社会话题的重要手段。

跨界合作能够有效提升品牌的知名度和美誉度。通过与知名 IP、时尚品牌或明星的合作，茶饮品牌可以借助合作方的影响力，迅速扩大品牌的曝光度。例如，与热门动画片、电影或游戏合作推出联名茶饮，可以吸引这些 IP 的粉丝群体关注并购买。使粉丝们在享受茶饮的同时，也能感受到与其喜爱 IP 的情感连接，从而提升品牌的好感度和忠诚度。

跨界合作和联名款还能够为茶饮产品增加附加值和独特性，使其在众多同质化产品中脱颖而出。限量版的联名茶饮，往往具备独特的设计、口味和故事背景，这些都能够吸引消费者的关注并产生购买欲望。特别是对于那些追求个性和独特体验的年轻消费者而言，联名款茶饮的稀缺性和独特性具有强大的吸引力。

跨界合作和联名款具有强大的话题性，能够迅速引发市场热议和社会话题。通过制造市场热点，吸引媒体和消费者的广泛关注。这种话题性不仅能够带来直接的销售增长，还能够提升品牌的知名度和影响力。

跨界合作和联名款不仅是商业策略，更是品牌文化和消费者连接的一种方式。通过与不同领域的合作，茶饮品牌能够将更多的文化元素融入产品中，使其更具深度和内涵。消费者在享受茶饮的过程中，也能够感受到品牌传递的文化和价值观，从而与品牌建立更深层次的情感连接。

跨界合作和联名款还能够帮助茶饮品牌开拓新市场，实现多元化发展。通过与不同领域的合作，品牌可以将业务拓展到新的市场和消费群体中，从而实现业务的多元化发展。例如，通过与健康食品品牌的合作，推出健康茶饮，可以吸引更多注重健康生活方式的消费者；通过与旅游品牌的合作，推出特色茶饮，可以吸引旅游爱好者的关注。

跨界合作和联名款已经成为创新茶饮品牌提升影响力和吸引消费者的重要策略。通过与知名 IP、时尚品牌或明星的合作，品牌不仅能够提升知名度和美誉度，还能够为产品增加附加值和独特性，引发市场热议和社会话题。同时，这种合作还能够深化品牌文化与消费者的情感连接，帮助品牌开拓新市场，实现多元化发展。随着市场竞争的不断加剧，跨界合作和联名款将继续发挥其重要作用，成为茶饮品牌在竞争激烈的市场中脱颖而出的重要手段。

三、线上线下融合的全渠道营销

在当前的商业环境中，创新茶饮品牌要想在竞争激烈的市场中脱颖而出，线上线下的融合已成为不可或缺的策略。全渠道营销不仅能够拓展品牌的影响力，还能显著提升消费者的购买体验。

在线上营销方面，电商平台和社交媒体是两个关键渠道。电商平台的兴起使得消费者能够随时随地购买茶饮产品，品牌也能够通过这些平台拓展销售渠道和提高市场覆盖率。例如，天猫、京东等大型电商平台为茶饮品牌提供了一个展示和销售产品的广阔舞台，品牌可以通过这些平台进行大规模的推广活动和促销活动，吸引更多的消费者。此外，自建的品牌官网也可以作为一个重要的销售渠道，通过精心设计的网站界面和优质的用户体验，可提升品牌形象和消费者的购物体验。

社交媒体的影响力在现代营销中不可忽视。微信、微博、抖音、小红书等，已经成为品牌传播和与消费者互动的重要阵地。通过这些平台，茶饮品牌可以发布产品信息、促销活动和品牌故事，吸引消费者的关注和参与。尤其是微信和小红书这样的社交平台，不仅具有广泛的用户基础，还提供了丰富的互动功能，如微信公众号、微信小程序、小红书的用户笔记分享等，使得品牌可以与消费者进行深度互动。通过 UGC 的分享和传播，品牌可以获得更多的曝光度和口碑传播。

在线下营销方面，品牌店铺、快闪店和体验活动是主要的互动方式。

品牌店铺不仅是产品销售的场所，更是品牌文化展示和消费者体验的重要空间。通过精心设计的店铺装修和陈列，可以向消费者传递独特的品牌理念和价值观。例如，一些创新茶饮品牌通过在店内设置开放式的茶艺展示区，让消费者可以直观地感受茶饮的制作过程，通过互动和体验，可增加他们对品牌和产品的信任感和认同感。

快闪店作为一种新兴的营销手段，以其短暂性和独特性吸引了大量消费者的关注和参与。快闪店通常选择开设在人流量大的商业区，通过限时限量的销售方式和独特的店铺设计，营造出一种紧迫感和稀缺性，激发消费者的购买欲望和参与热情。例如，一些茶饮品牌会在节日期间或新品发布时开设快闪店，通过精心策划的主题活动和互动体验，吸引消费者前来打卡和分享，形成"病毒式"传播。

体验活动则是增强品牌与消费者之间情感连接的重要方式。通过举办茶艺体验课、品鉴会和文化沙龙等活动，品牌可以与消费者进行面对面的深度互动，增加消费者对品牌的认同感和忠诚度。例如，一些品牌会邀请知名茶艺师或健康达人，举办关于茶饮制作和健康饮食的讲座和工作坊，让消费者不仅能够品尝到美味的茶饮，还能学习到相关的知识和技能，从而增强他们对品牌的好感和信任。

全渠道营销不仅是线上和线下渠道的简单叠加，而且需要通过有效的整合和协同，形成一个无缝衔接的消费体验。例如，品牌可以通过线上平台发布线下活动的邀请信息，吸引更多的消费者参与；同时，在线下活动中，品牌可以引导消费者关注和参与线上社交平台的互动，形成双向的互动和反馈。

数据驱动的全渠道营销也是提升营销效果的重要手段。通过大数据和人工智能技术，品牌可以分析和挖掘消费者的行为和偏好，进行精准的市场定位和个性化的营销推送。例如，通过分析消费者在电商平台的购买记录和社交媒体的互动数据，可以了解消费者的喜好和需求，从而进行有针对性的产品推荐和促销活动，提高营销的精准度和转化率。

在全渠道营销的实施过程中，品牌还需要注重消费者的整体体验，避免出现线上线下渠道的不一致和冲突。例如，品牌在设计促销活动时，需要确保线上线下渠道的价格和优惠信息一致，避免消费者因为渠道差异而产生困惑和不满。同时，品牌还需要加强物流和售后服务的管理，确保消费者无论是通过线上还是线下渠道购买产品，都能够享受到高质量的服务体验。

线上线下融合的全渠道营销是创新茶饮品牌在当前市场环境中取胜的关键策略。通过有效的渠道整合和数据驱动的精准营销，不仅可以提升消费者的购买体验，还可以增加品牌忠诚度和市场竞争力。未来，随着技术的不断进步和消费者需求的不断变化，全渠道营销将会发挥越来越重要的作用，为茶饮品牌带来更多的发展机遇和空间。

第二章　茶艺与健康生活方式

本章探讨了茶在现代健康生活方式中扮演的重要角色。首先，介绍了茶与现代健康理念的结合，展示了茶作为一种自然饮品在健康生活中的重要性。其次，深入探讨了茶的功能性，揭示茶叶中丰富的健康成分及其对人体的益处。再次，分析了茶叶在健康饮食中的具体角色，强调其在日常饮食中的积极作用。最后，探讨了推广健康茶饮的策略与挑战，指出了在现代社会中推动健康茶饮文化所面临的机遇与挑战。

第一节　茶与现代健康理念的结合

一、追求自然与健康

在当今快节奏的现代生活中，人们对自然与健康的追求日益强烈。这种追求不仅体现在饮食、运动和生活习惯等方方面面，更具体体现在对天然食品和饮品的偏爱上。茶，作为一种天然饮品，因其含有丰富的营养成分且不含人工添加剂，越来越受到人们的青睐。

茶作为一种源自自然的饮品，其天然属性深得人心。与许多含有人工添加剂、色素和防腐剂的饮料不同，茶几乎不需要任何化学处理或人工添加剂。这种天然性使得茶成为一种纯净、安全的选择，符合人们对健康生活的追求。无论是绿茶、红茶、乌龙茶，还是近年来流行的白茶和普洱茶，每一种茶都保持了其天然的特点，富含多种有益的生物活性成分。

茶中含有多种有益健康的成分，这些成分不仅赋予茶独特的风味和香气，更具有多种生物活性物质，对人体健康有诸多益处。茶多酚是茶叶中最重要的一类化合物，具有强大的抗氧化作用。抗氧化剂能够中和人体内过多的自由基，减少氧化应激，从而保护细胞免受损伤。这对于现代人来说尤为重要，现代生活中暴露的污染、辐射和不健康饮食等多种因素，都会增加体内自由基的产生，进而引发慢性疾病和加速衰老。

儿茶素是茶多酚中的一种重要成分，尤其以绿茶中的含量最为丰富。儿茶素不仅具有抗氧化作用，还能降低胆固醇、促进血液循环、增强心血管健康。研究表明，经常饮用绿茶的人群，其心血管疾病的风险显著降低。此外，儿茶素还有助于减肥和控制体重，因为它能促进脂肪氧化和增加能量消耗，有助于促进新陈代谢等。

氨基酸是茶叶中的另一类重要成分，尤其是茶氨酸，它在改善情绪和减轻压力方面有显著作用。茶氨酸能够增加大脑中 α 波的产生，这种脑波与放松和警觉状态相关。饮茶能够帮助人们在紧张的工作或学习后迅速放松身心，缓解压力，提高注意力和认知功能。对于现代人来说，适量饮茶是一种简便易行的放松方式，有助于在忙碌的生活中找到片刻宁静。

茶不仅是一种健康饮品，还在多个方面对现代生活方式产生积极影响。茶文化本身倡导一种简约、自然和宁静的生活方式。这与现代人追求自然和谐、返璞归真的生活理念高度契合。茶道中所体现的"和、敬、清、寂"四大精神，强调人与自然的和谐、内心的宁静和对生活的尊重，这种精神内涵对现代人具有深刻的启示意义。

茶的饮用过程本身就是一种健康的生活方式。泡茶需要一定的时间和耐心，这个过程能够帮助人们放慢生活节奏。茶具的选择、茶叶的冲泡、茶汤的品饮，每一个步骤都需要细心和专注，这不仅是一种艺术享受，更是一种心灵的修行。在忙碌的现代生活中，茶提供了一种慢生活的可能，让人们在快节奏中找到平衡。

茶叶中的咖啡因含量较低，不会像咖啡那样引起神经紧张或失眠。适量饮茶不仅能够提神醒脑，还能提供持久的能量，使人们在繁忙的工作中保持高效和清醒。同时，茶中的咖啡因与茶氨酸协同作用，能够在提神的同时带来镇静效果，使人们精神振奋但不过度兴奋，从而更好地应对工作和生活中的压力。

现代科学研究还表明，茶对预防和缓解多种慢性疾病具有积极作用。例如，茶中的多酚类化合物能够抑制癌细胞的生长，降低患癌风险；绿茶中的儿茶素有助于降低血糖水平，预防和控制糖尿病；茶中的抗氧化成分能够促进细胞生长，延缓衰老。因此，饮茶不仅是一种文化享受，更是一种有效的健康管理方式。

茶作为一种天然、健康的饮品，完美契合了现代人对自然与健康的追求。茶中的茶多酚、儿茶素和氨基酸等有益成分，不仅能够帮助人们抵抗氧化、减轻压力、提高免疫力，还在预防慢性疾病、改善心血管健康等方面发挥着重要作用。茶文化所倡导的自然和谐、简约宁静的生活方式，为现代人提供了一种回归自然、享受健康的新选择。在快节奏的现代生活中，饮茶是一种简便而有效的健康生活方式，值得我们每一个人去体验和推广。

二、促进心理健康

喝茶不仅对身体有益，对心理健康也有显著的促进作用。茶艺作为一种传统文化，通过茶道、茶会等形式，能够让人们在品茶过程中放松身心，提升精神境界，增强生活的幸福感和满足感。

喝茶能够帮助人们减轻压力，放松身心。在现代社会，许多人面临着巨大的工作和生活压力，容易产生焦虑、紧张等负面情绪。而茶叶中含有一种叫作 L-茶氨酸的氨基酸，这种物质可以增加大脑中多巴胺和 γ- 氨基丁酸的水平，从而具有镇静和放松的作用。通过喝茶，特别是绿茶和乌龙茶，人们可以让身体和心灵得到充分的休息和放松，体验内心平静的愉悦感，缓解因紧张情绪带来的不适。泡茶、闻香、品茗的过程能够帮助人们暂时放下烦恼，享受当下的宁静时光。

茶艺中的社交互动对心理健康有着积极的影响。茶会和茶道活动提供了一个社交的平台，人们可以在这里与朋友、家人或同事一同品茶，交流感情。在这种轻松的氛围中，人们可以倾诉心声，分享生活中的喜怒哀乐，从而建立更紧密的社会联系。研究表明，良好的社会支持系统是心理健康的重要保护因素。通过与他人分享茶道的美好体验，人们可以感受到被理解和支持，从而增强心理上的安全感和归属感。此外，茶会中的礼仪和规范也能够培养人们的社交技能，提升人际交往的质量。

茶艺还具有提升精神境界的作用。茶道讲究"和、敬、清、寂",这种精神内涵不仅体现了人与人之间的和谐关系,也强调了人与自然的和谐统一。在品茶的过程中,人们可以感受到茶叶从生长、采摘、制作到最终成为茶汤的自然演变过程,从而对自然产生敬畏之心。这种对自然的敬畏和感恩能够帮助人们树立积极的人生态度,提升精神境界。茶道中的静心冥想和内观练习也有助于人们反思自我,提升自我觉察能力,从而实现个人的精神成长和心灵的升华。

茶文化中的美学元素也对心理健康具有促进作用。茶艺注重环境的布置、器具的选择以及茶汤的颜色和香气,这些美学元素能够带给人们愉悦的感官体验。研究表明,美的体验能够激发大脑中多巴胺的分泌,从而带来愉悦感和幸福感。在茶道中,人们通过欣赏精致的茶具、优美的茶席布置以及清澈透亮的茶汤颜色,可以感受到美的力量,从而提升生活的质量和幸福感。

茶艺还具有增强自我控制和耐心的作用。在泡茶和品茶的过程中,人们需要耐心等待茶叶的泡开、茶汤的浓淡适宜,这种等待的过程本身就是一种心理训练。通过这种训练,人们可以学会控制自己的急躁情绪,培养耐心和专注力。这种自我控制能力不仅对个人的心理健康有益,也能够提升工作和生活中的效率和质量。

喝茶不仅对身体健康有益,对心理健康也有显著的促进作用。通过茶艺和茶道,人们可以减轻压力,放松身心;通过茶会和社交互动,人们可以建立良好的社会支持系统,增强心理安全感和归属感;通过茶道的精神内涵和美学体验,人们可以提升精神境界和幸福感;通过泡茶过程中的自我控制和耐心训练,人们可以增强心理韧性和专注力。因此,茶艺不仅是一种传统文化,更是一种有益于心理健康的生活方式。希望更多的人能够通过品茶和茶艺,找到内心的宁静和幸福,提升生活的质量。

三、现代健康理念的融合

将茶融入现代健康理念中,已经成为一种全新的生活方式。这种融合不仅丰富了现代人的饮品选择,更赋予了茶新的意义,使其成为健康生活的重要组成部分。现代健康理念强调预防胜于治疗,而茶作为一种日常保健饮品,能够帮助人们在平时生活中关注和维护健康,形成良好的生活习惯。

　　近年来，随着健康饮食观念的普及，越来越多的人开始关注饮食的健康与平衡。茶，作为一种低热量、天然的饮品，正好符合这一理念。无论是绿茶、红茶，还是花草茶，都不含脂肪和糖分，是一种理想的健康饮品。对于那些希望控制体重、保持身材的人来说，茶是一种非常好的选择。茶中的咖啡因和茶多酚具有促进脂肪代谢的作用，可以帮助消耗体内多余的脂肪。此外，饮茶还可以增强饱腹感，减少食欲，从而达到控制体重的效果。

　　在现代健康理念的指导下，茶产业也在不断创新和发展。许多茶企开始研发功能性茶饮，结合现代科技手段，将传统茶叶与现代健康理念相融合。例如，一些茶企推出了富含特定营养成分的茶饮，如添加了益生菌的肠道健康茶、富含维生素的美容养颜茶等。这些产品不仅保留了茶的天然风味，还具有特定的保健功能，满足了现代人多样化的健康需求。

　　将茶融入现代健康理念中，是一种全新的生活方式。茶不仅是一种传统的饮品，更是现代健康生活的重要组成部分。通过科学研究和实践，我们越来越认识到茶在预防疾病、维护健康方面的独特作用。茶文化的传承与创新，使茶在现代社会中焕发出新的活力，成为人们追求健康生活的重要途径。

第二节　茶的功能性与科学研究

一、抗氧化作用

　　茶，作为世界上最古老的饮品之一，其健康功效早已为人们所熟知。在这些功效中，抗氧化作用尤为突出。本书将深入探讨茶中的多酚类化合物及其抗氧化作用，并分析这种作用对人类健康的具体益处。

　　茶叶中含有大量的多酚类化合物，主要包括儿茶素、黄酮类、花青素和鞣酸等。这些多酚类化合物的抗氧化机制主要体现在其能够通过捐赠氢原子或电子来中和自由基，从而防止自由基对细胞膜、蛋白质和 DNA 等生物大分子的氧化损伤。

　　儿茶素是茶叶中最重要的一类多酚化合物，主要包括表没食子儿茶素没食子酸酯（EGCG）、表没食子儿茶素（EGC）、表儿茶素没食子酸酯（ECG）和表儿茶素（EC）。其中，EGCG是抗氧化活性最强的一种。研究表明，EGCG能够通过多种途径发挥抗氧化作用，例如直接捕捉自由基、螯合过渡金属离子、抑制自由基生成的酶系统以及增强细胞内抗氧化酶的活性。

自由基是指含有一个或多个未配对电子的原子或分子，具有很高的反应性。它们可以通过夺取其他分子的电子来稳定自身，从而引起连锁反应，造成细胞膜脂质、蛋白质和DNA的氧化损伤。这种损伤是导致多种慢性疾病和衰老的主要原因之一。

多酚类化合物能够有效清除体内自由基，从而减少氧化损伤，具有多方面的健康益处。抗氧化作用可以延缓衰老。随着年龄的增长，体内自由基增多，导致细胞功能受损和相关疾病的发生。茶中的多酚类化合物通过中和自由基，可减少细胞损伤，有助于延缓衰老过程，保持皮肤弹性和光泽。

抗氧化作用有助于降低心血管疾病的风险。自由基对血管内皮细胞的氧化损伤是引发动脉粥样硬化和心血管疾病的重要因素。茶中的多酚类化合物能够保护血管内皮细胞，抑制低密度脂蛋白（LDL）的氧化，减少动脉粥样硬化斑块的形成，从而降低心血管疾病的发病率。

抗氧化作用还可以预防某些类型的癌症。自由基对DNA的氧化损伤是引发癌症的重要原因之一。茶中的多酚类化合物能够通过直接清除自由基和增强细胞内的DNA修复机制，减少DNA突变的发生，从而降低患癌的风险。

不同种类的茶叶由于加工工艺和多酚类化合物含量的差异，其抗氧化效果也有所不同。绿茶是未经发酵的茶叶，保留了较多的天然多酚类化合物，因此其抗氧化活性最强。红茶是全发酵的茶叶，多酚类化合物在发酵过程中发生氧化聚合，形成了茶黄素和茶红素等物质，尽管其抗氧化活性较绿茶稍低，但仍具有显著的抗氧化效果。乌龙茶是部分发酵的茶叶，其抗氧化活性介于绿茶和红茶之间。

虽然绿茶的抗氧化效果最强，但这并不意味着其他种类的茶叶不具有健康益处。实际上，红茶和乌龙茶中的多酚类化合物及其氧化产物也具有良好的抗氧化作用，并且这些茶叶在口感和风味上具有独特的优势，可以满足不同消费者的偏好。

茶叶的饮用方法也会影响其抗氧化效果。研究表明，茶叶的冲泡时间和水温对多酚类化合物的溶出有显著影响。一般来说，冲泡时间越长，水温越高，多酚类化合物的溶出量越多，但也要避免长时间地冲泡，以免茶汤过于苦涩。建议使用 80～90℃ 的热水冲泡绿茶，冲泡时间为 2～3 分钟；使用 95～100℃ 的热水冲泡红茶，冲泡时间为 3～5 分钟。

茶叶的存储方式也会影响其抗氧化效果。茶叶中的多酚类化合物对光、热和氧气非常敏感，长时间暴露在空气中会导致其抗氧化活性下降。因此，茶叶应存放在阴凉、干燥和避光的环境中，并尽量密封保存，以保持其最佳的抗氧化效果。

茶中的多酚类化合物具有显著的抗氧化作用，能够有效清除自由基，减少细胞损伤，延缓衰老并降低患病风险。随着研究的深入，人们对茶的健康功效将有更全面的了解，并在日常生活中更好地利用茶叶这一天然的健康饮品。

二、抗炎和免疫调节

茶，自古以来被誉为"东方神药"，不仅是一种怡神的饮品，更是一种富含生物活性成分的天然保健品。在众多的成分中，茶多酚和儿茶素因其卓越的抗炎和免疫调节作用，备受科学界和医疗界的关注。这些成分通过多种机制，帮助减少炎症反应，增强人体的免疫功能，从而在预防和辅助治疗多种疾病中发挥了重要作用。

炎症是机体对外界刺激或内在损伤的一种防御反应，但过度或持续的炎症会导致组织损伤和各种疾病。研究表明，茶多酚通过多种途径抑制炎症反应。例如，茶多酚可以抑制炎症相关酶如环氧化酶（COX）和脂氧化酶（LOX）的活性，从而减少炎症介质如前列腺素和白三烯的产生。此外，茶多酚还能调节核因子 κB（NF-κB）和活化蛋白 1（AP-1）等转录因子的活性，抑制炎症因子如肿瘤坏死因子 α（TNF-α）、白细胞介素 6（IL-6）和白细胞介素 1β（IL-1β）的表达。

儿茶素是茶多酚中的一种重要成分，尤其是在绿茶中含量丰富。儿茶素不仅具有抗炎作用，还具有显著的免疫调节功能。免疫系统是人体抵御外界病原体侵袭和内部细胞突变的重要防线，而儿茶素能够通过多种机制增强免疫功能，维持机体的健康状态。

儿茶素能够促进免疫细胞的增殖和分化。Ganeshpurkar A 等（2018）研究表明，儿茶素不仅可以促进 T 细胞和 B 细胞的增殖，这些细胞在免疫反应中起着关键作用。此外，儿茶素还能增强巨噬细胞的吞噬能力和自然杀伤细胞（NK 细胞）的活性，帮助机体清除病原体和异常细胞。

儿茶素具有免疫调节作用，可以平衡 Th1 和 Th2 细胞的比例，调节体液免疫和细胞免疫的运作。Th1 细胞主要介导细胞免疫，抵御病毒和肿瘤等细胞内病原体，而 Th2 细胞主要介导体液免疫，抵御细菌和寄生虫等细胞外病原体。研究发现，儿茶素可以通过调节细胞因子如干扰素 γ（IFN-γ）和白细胞介素 4（IL-4）的表达，平衡 Th1 和 Th2 细胞的比例，增强机体的综合免疫能力。

鉴于茶多酚和儿茶素的抗炎和免疫调节作用，茶在预防和辅助治疗多种疾病中具有潜在的应用价值。慢性炎症性疾病如类风湿性关节炎、炎症性肠病和慢性阻塞性肺病（COPD）等，通常伴随着长期的炎症反应，导致组织损伤和功能障碍。研究表明，茶多酚和儿茶素可以通过抑制炎症因子的表达和炎症介质的释放，减轻这些疾病的症状，改善患者的生活质量。例如，通过一项对类风湿性关节炎患者的研究发现，摄入富含茶多酚的绿茶可以显著减少关节肿胀和疼痛，提高患者的活动能力。

心血管疾病如动脉粥样硬化、高血压和心肌梗死等，与慢性炎症和氧化应激密切相关。茶多酚通过其抗氧化和抗炎作用，能够有效预防和缓解这些疾病的发生和发展。研究表明，茶多酚可以有效抑制炎症反应，改善血管功能，降低心血管疾病发生的风险。

癌症的发生和发展与免疫系统的监视功能和炎症微环境密切相关。茶多酚和儿茶素具有抗癌潜力，通过多种机制发挥作用。一方面，茶多酚可以通过抑制癌细胞的增殖和诱导细胞凋亡，直接抑制肿瘤的生长。另一方面，儿茶素通过增强免疫系统的功能，提高机体对癌细胞的识别和清除能力，从而在预防和辅助治疗癌症中发挥重要作用。苟惠等（2022）研究发现，EGCG 可以通过抑制血管生成，减少肿瘤的血液供应，抑制肿瘤的生长和转移。

免疫系统疾病如系统性红斑狼疮、类风湿性关节炎和多发性硬化症等，通常由于免疫系统的异常反应导致自体组织损伤。茶多酚和儿茶素通过其免疫调节作用，有望在这些疾病的预防和治疗中发挥积极作用。例如，研究表明，EGCG 可以通过抑制自身抗原的识别和减少炎症因子的释放,减轻系统性红斑狼疮的症状,保护患者的机体组织和器官。茶中的茶多酚和儿茶素以其卓越的抗炎和免疫调节作用,展现了巨大的健康潜力。通过减少炎症反应,增强免疫功能,这些成分在预防和辅助治疗多种疾病中发挥着重要作用。

三、代谢功能和心血管健康

饮茶作为一种传统的健康饮食习惯,早已深深植根于人们的日常生活之中。近年来,越来越多的科学研究表明,饮茶不仅是一种文化习俗,更是一种有助于改善代谢功能和心血管健康的有效途径。

饮茶对代谢功能的积极影响主要体现在促进脂肪分解和能量消耗,减少肥胖风险。茶叶中富含的多酚类物质,尤其是儿茶素,发挥了重要作用,儿茶素能够通过多种途径促进脂肪代谢。儿茶素能增加脂肪氧化和热量消耗。研究表明,摄入富含儿茶素的茶能够提高体内的基础代谢率,从而增加能量消耗,有助于体重管理。

儿茶素还能抑制脂肪细胞的生成和增殖。它通过调节多种与脂肪生成相关的酶和激素,减少体内脂肪的积累。此外,儿茶素还具有抗炎作用,可以减轻与肥胖相关的慢性炎症,进一步降低肥胖风险。

除了儿茶素,茶叶中的咖啡因也对代谢有积极作用。咖啡因能够刺激中枢神经系统,增加能量消耗,并具有一定的食欲抑制作用,从而减少热量的摄入。同时,咖啡因还能够促进脂肪的分解,增加脂肪酸的氧化利用。

茶叶中的多种成分对心血管健康有显著的保护作用,主要表现在降低血压、血脂和胆固醇水平。高血压是心血管疾病的重要危险因素,而饮茶能够帮助调节血压水平。茶叶中含有丰富的多酚类物质,尤其是茶黄素和茶红素,它们具有抗氧化和抗炎作用,能够保护血管内皮细胞,改善血管功能。研究发现,长期饮茶能够显著降低收缩压和舒张压,有助于预防和控制高血压。

高血脂是引发动脉粥样硬化的重要因素,而茶叶中的多酚类物质和咖啡因能够有效调节血脂水平。儿茶素和其他多酚类物质能够抑制胆固醇的吸收,促进胆固醇的排泄,从而降低血清胆固醇水平。此外,这些成分还能增加高密度脂蛋白胆固醇（HDL-C）的水平，降低低密度脂蛋白胆固醇（LDL-C）和甘油三酯（TG）的水平，从而改善血脂谱，减少动脉粥样硬化的风险。

胆固醇是引发心血管疾病的另一重要因素。茶叶中的儿茶素、茶黄素和其他多酚类物质具有显著的降低胆固醇作用。它们能够通过多种机制抑制胆固醇的合成，增加胆固醇的分解和排泄。陈沛等（2017）的研究发现，饮茶能够有效降低总胆固醇和 LDL-C 水平，同时提高 HDL-C 水平，从而对心血管健康产生积极影响。

慢性炎症是肥胖和心血管疾病的重要病理机制之一。茶叶中的多酚类物质具有显著的抗炎作用，能够抑制炎症因子的产生和释放，减轻炎症反应。通过减轻慢性炎症，饮茶能够改善代谢功能，减少肥胖风险，同时对心血管健康产生积极影响。

茶叶中的活性成分还能够调节多种与代谢和心血管健康相关的内分泌功能。例如，儿茶素能够提高胰岛素敏感性，改善糖代谢，有助于预防和控制 2 型糖尿病。咖啡因能够通过刺激交感神经系统，增加肾上腺素的分泌，促进脂肪分解和能量消耗。通过调节内分泌功能，饮茶对代谢和心血管健康具有多重保护作用。

科学研究证实了饮茶对改善代谢功能和心血管健康有着多方面积极作用。茶叶中的多酚类物质和咖啡因等活性成分，通过多种机制和途径，促进脂肪分解和能量消耗，减少肥胖风险，调节血压、血脂和胆固醇水平，从而对心血管健康产生显著的保护作用。饮茶不仅是一种文化习俗，更是一种有效的健康饮食习惯，值得推广和普及。无论是在日常生活中，还是在公共健康政策中，鼓励适量饮茶，都有助于提升公众的代谢功能和心血管健康水平。

第三节　茶叶在健康饮食中的角色

一、低热量饮品选择

茶，作为一种古老且备受喜爱的饮品，因其低热量的特性在现代健康饮食中扮演着重要角色。现代人越来越注重健康和身材管理，因此，选择低热量的饮品成为一种趋势。茶以其几乎不含脂肪和糖分的天然特性，成为这一需求的理想选择。

茶的低热量特性使其成为控制热量摄入的绝佳选择。不同于许多现代饮品，尤其是那些含有大量糖分和人工添加剂的饮料，茶几乎不含任何脂肪或糖分。例如，一杯不加糖的绿茶或红茶，其热量几乎为零。这意味着，即使对于减肥或需要严格控制饮食的人群，茶也可以毫无顾虑地饮用。相比之下，像软饮料、果汁甚至某些调味咖啡等饮品，每一杯可能含有几十甚至上百卡路里的热量。长期饮用这些高热量饮品，很容易导致热量过剩，进而引发体重增加和肥胖问题。

茶作为一种低热量的健康饮品，不仅契合现代人追求健康饮食的需求，还在控制热量摄入、预防肥胖和相关疾病方面发挥着重要作用。茶的多样性、健康功效以及其所承载的文化价值，使其成为现代人理想的饮品选择。通过饮茶，人们不仅能够享受美味和健康，还能够在茶香中找到内心的宁静与平和。这正是茶作为古老饮品在现代社会中依然焕发出无限活力和魅力的原因所在。

二、丰富的营养成分

茶叶自古以来就是备受推崇的饮品，不仅因其独特的香气和口感，更因其丰富的营养成分和显著的健康功效。茶叶中的营养成分种类繁多，包括维生素、矿物质、氨基酸、多酚类化合物等，这些成分在保持人体健康、预防疾病以及促进身体功能方面发挥着重要作用。

茶叶中含有多种维生素，这些维生素在人体新陈代谢和功能调节中起到至关重要的作用。茶叶中最主要的维生素是维生素 C（抗坏血酸），其能增强免疫系统功能，帮助人体抵御各种感染和疾病。此外，茶叶还含有一定量的维生素 B 族，包括维生素 B1（硫胺素）、维生素 B2（核黄素）和维生素 B3（烟酸）。这些维生素 B 族成分对于维持神经系统的正常功能、能量代谢和心血管健康都有重要贡献。

茶叶中富含的矿物质也是其营养价值的重要组成部分。茶叶中的主要矿物质包括钾、钙、镁、锰和铁等，这些矿物质在维持身体正常功能方面不可或缺。钾是人体细胞内的重要电解质，参与调节细胞的渗透压和酸碱平衡，有助于维持心脏和肌肉的正常功能。钙是构成骨骼和牙齿的主要成分，同时在血液凝固、神经传导和肌肉收缩中也发挥关键作用。镁参与超过 300 种酶的反应过程，是体内许多代谢途径的必需元素。锰则是多种酶的辅因子，参与骨骼形成、氨基酸代谢和抗氧化防御。铁是血红蛋白的重要组成部分，负责携带和运输氧气，对于预防贫血和维持体能至关重要。

茶叶中还含有丰富的氨基酸，这些氨基酸是蛋白质的基本构成单位，参与人体各种生理活动。茶叶中最主要的氨基酸是茶氨酸，这是一种独特的非蛋白质氨基酸，具有显著的生理活性。此外，茶氨酸还有助于提高免疫功能，增强体内的抗氧化能力。其他重要氨基酸如谷氨酸、天冬氨酸和丙氨酸等也存在于茶叶中，它们在蛋白质合成、神经传递和能量代谢中发挥重要作用。

茶叶作为一种营养丰富的天然饮品，健康效益不仅体现在其丰富的营养成分上，还包括其对整体饮食结构的积极影响。现代研究越来越多地关注饮食模式和健康之间的关系，茶叶在其中扮演着重要角色。作为一种低热量、低糖且无脂肪的饮品，茶不仅可以替代高糖高脂的软饮料，帮助减少热量摄入，还可以通过其特有的营养成分和生物活性物质，提升整体饮食的营养质量。

茶叶中的多种有益营养成分，如维生素、矿物质、氨基酸、多酚类化合物等，对人体健康有着广泛而深远的影响。茶不仅是一种解渴的饮品，更是一种重要的营养补充来源。通过日常饮茶，人们不仅能够享受到茶带来的美味和愉悦，还能够获得多方面的健康益处。随着科学研究的不断深入，茶叶作为健康饮品的价值将会得到更广泛的认可和推广。无论是为了保健养生，还是作为饮食文化的一部分，茶叶都将继续在现代生活中扮演不可替代的角色。

三、膳食平衡的辅助

在健康饮食中，茶作为一种辅助食品，可以帮助平衡膳食结构，其多种有益成分对人体的健康有显著的促进作用。茶叶不仅是一种传统饮品，更是现代健康生活方式的重要组成部分。其丰富的抗氧化剂、维生素和矿物质，使其成为膳食平衡中不可或缺的一环。

茶叶中的某些成分具有显著的促进消化作用。茶多酚是茶叶中最重要的成分之一，具有很强的抗氧化作用。茶多酚能够抑制肠道内有害菌的生长，促进有益菌的繁殖，从而维持肠道微生态的平衡。这对于预防和缓解消化不良、便秘等胃肠问题具有重要作用。此外，茶叶中的咖啡因能够刺激胃液分泌，增强胃肠蠕动，帮助食物更快地消化吸收。这对于那些饮食不规律或消化功能较弱的人群尤其有益。

茶叶中的某些成分可以改善胃肠功能，进一步帮助身体更好地吸收营养。茶叶中的氨基酸，如茶氨酸，不仅能够舒缓肠道平滑肌，减少胃肠不适感，还具有一定的抗炎作用，可以减轻胃肠道的炎症反应，保护胃黏膜不受损伤。此外，茶叶中富含的维生素 C、维生素 E 等抗氧化剂，能够中和体内的自由基，减少氧化应激对胃肠道的损害。这些成分的协同作用，有助于保持胃肠道的健康状态，提高营养吸收效率。

饮茶还可以起到放松身心的作用，帮助缓解压力和焦虑。现代生活节奏快，工作和生活压力大，很多人常常处于紧张状态。茶叶中的茶氨酸具有显著的镇静效果，能够通过调节大脑中的神经递质，减少焦虑感，提升注意力和认知功能。饮茶不仅是一种健康的生活习惯，更是一种调节心情、放松身心的有效途径。

在膳食结构中，茶作为一种天然的辅助食品，其多种有益成分能够促进消化、改善胃肠功能，帮助身体更好地吸收营养，并维护整体健康。现代营养学研究已经充分证实了茶的多种健康功效，茶文化也因此在全球范围内得到广泛传播和认可。然而，饮茶也需要适量，特别是对咖啡因敏感的人群，应适度控制饮茶量，以避免不良反应。

茶作为一种辅助食品，其在促进消化、改善胃肠功能和维护身体整体健康方面的作用是显而易见的。通过合理饮茶，可以在平衡膳食结构的同时，享受其带来的多种健康益处。现代人应当充分利用这一传统饮品，将其融入日常生活中，为自己的健康保驾护航。无论是通过简单的饮茶习惯，还是深入了解和学习茶文化，茶都可以成为我们追求健康生活方式的重要伙伴。

第四节　推广健康茶饮面临的挑战

推广健康茶饮的关键在于市场教育与推广，这是改变消费者饮品选择习惯的基础。市场教育不仅是简单的信息传播，而且需要深度的理解和策略的实施。通过多种途径和方法，让消费者认识到茶饮的健康益处，并将这一认知转化为实际的消费行为。

在推广健康茶饮的过程中，面临的最大挑战是克服传统观念和应对市场竞争。茶在中国有着悠久的历史和深厚的文化底蕴，许多人对茶的认识仍然停留在传统观念中。这些观念深植于人们的日常生活和习惯中，难以在短时间内改变。同时，健康饮品市场的竞争异常激烈，许多品牌都在争夺这一细分市场的份额。因此，健康茶饮品牌需要通过差异化和品牌建设来脱颖而出，赢得消费者的认可和市场的青睐。

传统观念的影响是健康茶饮推广面临的主要挑战之一。传统观念上，人们对茶的认识主要集中在绿茶、红茶、乌龙茶等经典品种上，并且习惯于通过传统的泡茶方式享用茶饮。而健康茶饮通常强调的是茶的功能性成分，如抗氧化剂、维生素、矿物质等，这与传统观念中的茶文化有一定的距离。许多消费者难以接受将茶与健康功能直接挂钩的理念，认为这是一种对传统文化的颠覆。为了克服这一障碍，健康茶饮品牌需要进行大量的消费者教育，通过科普和宣传让消费者了解健康茶饮的益处，并且努力将健康茶饮与传统茶文化相融合，使其更容易被消费群体所接受。

在消费者教育方面，品牌可以通过各种形式的营销活动来传播健康茶饮的知识。例如，举办茶文化讲座、健康饮品体验活动、茶饮制作比赛等，邀请营养专家和茶艺师现场讲解和演示，让消费者亲身体验健康茶饮的制作过程和健康功效。同时，通过社交媒体平台发布健康茶饮的科普文章和视频，利用网红和 KOL 的影响力进行宣传，吸引年轻消费者的关注和参与。这些活动不仅能够增加品牌的曝光度，还能逐步改变消费者的传统观念，使健康茶饮逐渐被更多人接受和认可。

市场竞争的激烈也是健康茶饮推广的另一大挑战。健康饮品市场近年来发展迅速，吸引了大量品牌进入，包括传统茶企、新兴饮品公司以及跨界品牌等。面对如此激烈的市场竞争，健康茶饮品牌需要通过差异化和品牌建设来赢得市场份额。

差异化是健康茶饮品牌在竞争中取胜的关键。品牌可以在产品创新、口味多样化和包装设计等方面实现差异化。首先，在产品创新方面，品牌可以研发具有独特功能的健康茶饮，如添加益生菌的发酵茶、富含维生素的果茶等，以满足不同消费者的健康需求。其次，在口味多样化方面，品牌可以推出多种口味的健康茶饮，如柠檬绿茶、薄荷红茶、蜂蜜乌龙茶等，以此吸引追求新鲜感的年轻消费者。最后，在包装设计方面，品牌可以采用时尚、环保的包装设计，提升产品的视觉吸引力和品牌形象。

品牌建设也是健康茶饮推广的重要环节。品牌可以通过塑造独特的品牌故事和品牌形象来增强消费者的品牌认同感和忠诚度。一个成功的品牌故事可以传递品牌的核心价值观和理念，与消费者产生情感共鸣。例如，品牌可以强调其对传统茶文化的传承与创新，或者其对健康生活方式的倡导与实践，吸引那些对茶文化有情怀、对健康生活有追求的消费者。同时，品牌形象的塑造需要在各个接触点上保持一致，包括产品包装、广告宣传、社交媒体内容等，让消费者在每次接触品牌时都能感受到一致的品牌调性和价值观。

健康茶饮品牌还可以通过多渠道营销来扩大品牌影响力和市场覆盖面。线上渠道方面，品牌可以通过电商平台、社交媒体和品牌官网进行销售和宣传，利用数据分析和精准投放提升营销效果。线下渠道方面，品牌可以通过开设品牌专卖店、进驻大型商超和连锁便利店等方式增加产品的曝光度和购买便利性。同时，品牌还可以与健康生活方式相关的企业和机构合作，开展联合推广活动，如健身房、瑜伽馆、健康餐厅等，通过跨界合作扩大品牌的影响力和消费者基础。

健康茶饮品牌在推广过程中需要注重产品质量和消费者体验。高质量的产品和良好的消费者体验是品牌赢得市场和消费者信任的基础。品牌需要严格把控原材料的选择和生产过程，确保产品的安全性和健康性。同时，品牌需要注重售后服务，及时响应消费者的反馈和需求，不断优化产品和服务，提升消费者的满意度和忠诚度。

推广健康茶饮面临着克服传统观念和应对市场竞争的双重挑战。通过消费者教育和品牌建设，健康茶饮品牌可以逐步改变消费者的传统观念，增强其对健康茶饮的认同感和接受度。通过差异化和多渠道营销，品牌可以在激烈的市场竞争中脱颖而出，赢得更多的市场份额。与此同时，品牌需要注重产品质量和消费者体验，以优质的产品和服务赢得消费者的信任和忠诚，实现可持续的发展。

第三章　特色茶艺

本章首先介绍了冷泡茶，这种以低温泡制出的茶饮具有独特的风味和制作方法。其次，探讨深受年轻人喜爱的珍珠奶茶，从其起源到制作过程，展示其在全球范围内的流行。再次，深入介绍艺术拉花茶，茶饮与艺术的结合创造出令人惊叹的视觉效果。最后，介绍了茶鸡尾酒，将茶与酒巧妙融合，展现茶文化的无限可能性与创新精神。这些特色茶饮不仅丰富了现代茶艺的形式，也为茶文化的推广注入了新的活力。

第一节　冷泡茶

一、制作方法

冷泡茶的制作方法是一种独具特色的制茶工艺，与传统的热水冲泡方式有着本质上的区别。通过冷水长时间浸泡茶叶，茶叶的香气和营养成分在低温环境中缓慢释放，从而保留了茶叶的原汁原味，形成一种别具一格的口感。冷泡茶的过程不仅讲究时间的掌握，更强调温度的控制，这一过程看似简单，却需要耐心与细致的操作。

选用优质的茶叶是制作冷泡茶的关键。不同的茶叶品种在冷泡过程中展现出的风味各异，因此茶叶的选择对成品的口感至关重要。一般来说，适合冷泡的茶叶类型包括绿茶、乌龙茶、白茶和部分红茶等发酵程度较低的茶。绿茶在冷泡过程中能够展现出清新的香气和淡雅的滋味，而乌龙茶则可以释放出丰富的花香和独特的果香。白茶的冷泡则更为温润，茶汤柔和，带有淡淡的甜味。红茶在冷泡后则展现出柔和的果香和甜美的口感。

选择好茶叶后，将适量的茶叶放入干净的容器中。茶叶的用量可以根据个人口味的轻重进行调整，但一般来说，每500毫升水配5～8克茶叶为宜。接着，将冷水缓缓倒入装有茶叶的容器中。此时的冷水温度不宜过低，通常以10～15℃为宜。如果水温过低，茶叶中的香气和滋味难以有效释放，水温过高又容易导致茶汤过于浓烈，失去冷泡茶应有的清新和淡雅。尽量避免使用自来水，最好选用过滤水或者矿泉水，以确保水质的纯净，从而更好地展现茶叶的本味。

将浸泡好的茶叶和水的容器密封好，放入冰箱中静置。冷泡茶的过程需要的时间较长，通常需要6～12小时才能完成。如果是绿茶，冷泡时间可以稍短，一般在6～8小时即可，而乌龙茶和红茶则需要更长的时间，以8～12小时为宜。在此期间，茶叶在低温环境下逐渐舒展开来，其内含物质如茶多酚、咖啡因、氨基酸等缓慢释放到水中，与水分子充分融合。这个过程中，茶汤逐渐呈现出茶叶本身的色泽，绿茶的冷泡茶汤色泽清透，略带青绿色；乌龙茶的冷泡茶汤则呈现淡黄或橙黄色；红茶的冷泡茶汤则是琥珀色或者深红色，每一种茶汤都蕴含着茶叶独特的风味和香气。

在冰箱静置的过程中，茶叶的香气和滋味缓慢而均匀地释放。与热水冲泡相比，冷水浸泡使得茶汤中的苦涩成分减少，同时保留了更多的芳香物质和鲜爽的滋味。因此，冷泡茶的口感通常更为柔和、清爽且富有层次感，尤其适合在夏季饮用。冷泡茶不仅能够充分展现茶叶的自然风味，还能够在保留茶叶营养成分的同时，减少对胃肠的刺激，适合对热茶敏感的人群饮用。

冷泡时间结束后，将容器从冰箱中取出，可以根据个人喜好决定是否将茶叶过滤掉。一般来说，冷泡茶经过长时间的浸泡后，茶叶已经完全释放出其香气和滋味，此时可滤出茶叶以免茶汤变得过于浓烈。也可以选择直接饮用带茶叶的茶汤，感受茶叶在茶汤中继续缓慢释放出的淡雅香气。

冷泡茶的制作不仅是简单地将茶叶和水放在一起，更是一种对茶叶、时间和温度的细致把握。每一个环节的操作都会影响到最终茶汤的风味。冷泡茶的成品不仅色泽诱人、口感清新，还具有很高的颜值，透明的茶汤在玻璃杯中映衬出茶叶的翠绿或金黄，在视觉上亦是一种享受。

冷泡茶的独特之处在于其低温浸泡的过程，使得茶叶的香气和滋味在温和的环境中缓慢释放，不急不躁，犹如一位儒雅的君子，沉着稳重。每一口茶汤入口，都能感受到那种清新、淡雅的韵味，仿佛时间在这一刻也变得悠然自得。在炎热的夏日，享受一杯冷泡茶，不仅可以消暑解渴，还能在那一份清凉中品味到茶叶的原始风味，感受到来自自然的纯粹与宁静。这正是冷泡茶的魅力所在，它不仅是一种饮品，更是一种生活态度的体现，还是一种对自然、对时间的敬畏和尊重。

二、口感特点

冷泡茶是一种通过低温浸泡茶叶的方法制作而成的茶饮，相较于传统热泡茶，它展现出了一种独特的口感与风味。由于采用低温长时间浸泡的方式，冷泡茶在口感上的表现与普通的热泡茶截然不同，成为许多茶饮爱好者和年轻消费者的"心头好"。

冷泡茶的茶汤色泽清透，通常给人一种轻盈透亮的视觉感受。这种茶饮因低温泡制的关系，茶叶中的苦涩成分难以在低温下充分释放出来，因而冷泡茶在入口时几乎没有传统热泡茶中常见的苦涩味。这一特点使得冷泡茶特别受到那些对苦涩味敏感的消费者的青睐，尤其是年青一代，他们更倾向于口感温和、甜美的饮品。

冷泡茶所展现出来的自然甘甜是一种非常迷人的口感体验。茶叶在低温水中缓慢释放出内含的糖分和茶多酚，茶汤中散发出的微甜口感与自然的清香相辅相成，形成了一种非常平衡的味觉享受。不同于热泡茶中常见的浓烈、厚重的滋味，冷泡茶更多的是清新和淡雅。它带来的甜味并不是糖分添加后的那种甜腻感，而是茶叶本身所蕴含的自然风味。这种自然甘甜不仅让人口齿生津，还能使人在炎炎夏日中感受到一丝沁人心脾的凉意。

冷泡茶的清香也是其重要的口感特点之一。由于茶叶在低温下长时间浸泡，茶叶中的芳香物质得以慢慢释放，茶汤散发出的香气比热泡茶更为持久且细腻。这种清香不同于热泡茶中的浓烈花香或果香，而是一种如同微风拂面般的淡雅香气。它轻盈、柔和，在唇齿间留香不散，让人忍不住想要一再回味。

冷泡茶的清爽感尤为适合在夏季饮用。在炎热的夏天，人容易感到疲倦和烦躁，此时来一杯冷泡茶，不仅能够解渴，还能使人感到清凉与舒适。冷泡茶那种清新、爽口的特质在此时显得尤为突出，它不仅能够迅速驱散暑气，还能使人心情愉悦。正因如此，冷泡茶成为许多年轻消费者在夏季的首选茶饮，特别是那些习惯了现代快节奏生活的年轻人，他们需要一种既能满足口感又不会过于复杂的茶饮，而冷泡茶恰好能够完美契合这一需求。

冷泡茶的口感清爽，也使得它成为多种茶饮调配的基础。无论是加入少量的柠檬片以增加酸度，还是加入一些蜂蜜或水果以丰富风味，冷泡茶都能够轻松与之融合，展现出更加多元的口感体验。这种自由调配的特点进一步增强了冷泡茶的吸引力，使其成为一种既具有传统茶韵味，又能够与现代口味需求相契合的创新茶饮。

冷泡茶的口感特点在于它的清淡、自然甘甜以及持久的清香，完全不同于传统热泡茶的浓烈与苦涩。它以其独特的低温浸泡方式，充分展现了茶叶本身的自然风味，带给饮用者一种柔和而又不失丰富的口感体验。特别是在夏季，冷泡茶清爽的口感特质不仅能够满足解渴的需求，还能带来一种清凉的愉悦感，深受年轻消费者的喜爱。无论是独自享用还是与他人分享，冷泡茶都是一种能够在炎炎夏日中带来清新舒适感的理想选择。

三、茶叶选择

茶叶的选择是决定冷泡茶品质的关键环节之一，尤其是当我们面对琳琅满目的茶叶种类时，如何选出适合冷泡的茶叶显得尤为重要。冷泡茶的独特魅力在于它通过低温慢慢萃取茶叶中的精华，赋予茶汤独特的口感和风味，这与传统热泡茶有着显著不同。因此，选择适合冷泡的茶叶，不仅要考虑茶叶本身的品质，更要理解不同茶叶在冷泡过程中所呈现出的独特风味。

绿茶是冷泡茶中常见的选择之一。绿茶在冷泡过程中能够保留茶叶的鲜嫩口感，并释放出淡雅的清香，茶汤通常呈现出清亮的浅绿色，入口后带有一种独特的鲜爽感。由于冷泡的方式较为温和，茶叶中的苦涩物质溶解较少，使得绿茶的清香和甘甜得以更好地展现，特别适合那些喜欢清新自然口味的人群。不同的绿茶品种在冷泡后的香气也各有不同，如龙井茶会带来豆香与花香的和谐交融，而碧螺春则散发出鲜嫩的果香，每一种绿茶在冷泡后都能呈现出别样的风味。

乌龙茶同样是冷泡的理想选择。乌龙茶介于绿茶和红茶之间，属于半发酵茶，因此，既有绿茶的清新，又兼具红茶的浓厚，冷泡后的乌龙茶茶汤往往带有丰富的层次感。乌龙茶在冷泡时能够慢慢释放出茶叶中的芳香物质，随着时间的推移，茶汤的香气愈发浓郁。乌龙茶的冷泡茶汤通常呈现出金黄色或琥珀色，口感醇厚而又不失细腻，茶叶中的微苦和回甘在冷泡过程中得到完美的平衡。铁观音和大红袍是乌龙茶中的代表品种，前者冷泡后带有浓郁的兰花香气，口感甘醇；后者则以其独特的岩韵和醇厚的滋味闻名，即便是冷泡也能展现出其深沉的魅力。

白茶作为一种轻发酵茶，在冷泡茶中的表现也极为出色。白茶以其自然的甘甜和柔和的口感而受到青睐，冷泡白茶能够将茶叶中的精华缓慢释放，茶汤呈现出浅黄或浅琥珀色，口感温润如玉。白茶在冷泡过程中，不仅能保留茶叶中的氨基酸和茶多酚，还带有一股淡淡的蜜香和果香。寿眉和白牡丹是白茶中的经典选择，冷泡寿眉茶汤清甜，带有淡淡的枣香；而白牡丹则以其高雅的花香和清爽的口感闻名，冷泡后的茶汤口感纯净，极具清幽香气。

花茶作为一种以茶为基底，加入花卉制作而成的茶叶，在冷泡过程中展现出别样的风味。花茶不仅拥有茶叶的清香，还融合了花朵的芬芳，冷泡后的茶汤色泽鲜亮，香气浓郁。茉莉花茶和桂花乌龙是花茶中的经典代表，茉莉花茶在冷泡过程中，茉莉花的香气慢慢渗入茶汤，使得茶汤甘甜芬芳，入口后余味悠长；桂花乌龙则将乌龙茶的醇厚与桂花的甜香完美结合，冷泡后的茶汤香气扑鼻，滋味独特。此外，玫瑰花茶和菊花茶等花茶品种，冷泡后也能带来与众不同的体验，玫瑰花茶汤色艳丽，入口带有淡淡的甜香，而菊花茶则清爽解渴，散发出沁人心脾的香气。

在选择适合冷泡的茶叶时，除了考虑茶叶的品种，还应根据个人的口味偏好来决定。喜欢清新口感的人可以选择绿茶和白茶，而偏爱浓郁滋味的人则可以尝试乌龙茶和一些花茶。此外，茶叶的产地、采摘时间和加工工艺也会影响冷泡茶的最终风味，不同地区的茶叶在冷泡后的表现可能会有所差异，例如高山茶往往拥有更加浓郁的香气和独特的回甘。

冷泡茶作为一种新兴的茶饮方式，逐渐受到越来越多人的喜爱。无论是在炎热的夏季还是在忙碌的日常生活中，一杯清凉爽口的冷泡茶总能为我们带来一丝清新与宁静。而要真正享受冷泡茶的美妙滋味，选择适合的茶叶无疑是至关重要的一步。通过了解不同茶叶在冷泡过程中的特点，我们可以根据自己的口味偏好，选择最适合的茶叶，调制出属于自己的那一杯独特冷泡茶，尽享茶香带来的惬意与舒适。

第二节　珍珠奶茶

一、制作方法

制作一杯珍珠奶茶的过程看似简单，但每一步都需要精心准备和操作，才能达到最终的完美口感。从珍珠的煮制到茶叶的泡制，再到奶茶的调配，每个步骤都充满了细节和技巧，决定着最终饮品的风味与质感。

煮珍珠是整个制作过程的第一步，也可以说是最关键的一环。市面上所见的珍珠，通常是由木薯淀粉制成的小球，这些小球在煮熟之前是干燥而坚硬的。要想让它们变得柔软且富有弹性，煮制的时间和火候控制至关重要。将珍珠投入沸腾的水中，它们会迅速下沉到锅底，此时需要用勺子轻轻搅拌，防止珍珠黏连或粘锅。煮珍珠的过程通常需要 15～30 分钟，具体时间取决于珍珠的大小和品牌。在煮制过程中，火候的掌控非常重要，火力过大会导致珍珠表面迅速变软但内部容易夹生，火力过小则会让珍珠煮得不均匀。待珍珠煮至全熟、外表光滑且富有弹性时，可以将锅中的水沥干，放入冷水中浸泡，这样可以迅速降温，使珍珠更软更弹。为了使珍珠更为香甜可口，通常会将煮熟的珍珠加入糖浆浸泡，使其充分吸收糖浆的甜味，这样在咀嚼时，珍珠会散发出浓郁的甜香。

珍珠准备好后，便可以泡制茶汤。珍珠奶茶的茶汤通常以红茶或乌龙茶为主，因为这两种茶具有较为浓郁的茶香，能够与奶味相互平衡。泡制茶叶时，水温和时间的掌控同样关键。红茶适宜用 95～100℃ 的热水冲泡，而乌龙茶则更适合用 85～95℃ 的热水。将茶叶投入热水中，静置几分钟，让茶叶充分焖泡，茶汤的浓度会随着时间的推移而增加。若想要口感浓郁的奶茶，茶叶的浸泡时间可以适当延长，但要注意不能泡得过久，否则会使茶汤变得苦涩。泡好的茶汤需要经过滤去除茶叶渣滓，留下澄清而香浓的茶液。接下来是调制奶茶的过程，这是将茶汤与牛奶或奶精混合的步骤。选择牛奶或奶精取决于个人的口味偏好，牛奶能为奶茶带来更加醇厚的奶香，而奶精则可以增强奶茶的浓度，并使其口感更加顺滑浓郁。在混合时，将茶汤倒入奶中，而不是将奶倒入茶中，这样可以更好地保持茶香与奶香的融合。通常茶汤与奶的比例为1∶1或1∶2。若使用奶精，还需将奶精在少量热水中充分溶解后再加入茶汤中，这样可以避免出现颗粒未溶解的情况。至此，一杯香浓的奶茶已经基本完成，最后一步是将煮好的珍珠加入奶茶中。将浸泡在糖浆中的珍珠捞出，轻轻倒入奶茶中，珍珠会迅速沉入杯底，与奶茶完美融合。在搅拌均匀后，一杯香甜可口的珍珠奶茶便可以享用了。在这一杯奶茶中，茶的香气、奶的醇厚与珍珠的软弹相互交织，每一口都能品味到多层次的口感。

珍珠奶茶的制作虽然看似简单，但每一个步骤都需要细致的操作。只有在煮珍珠时注意火候，在泡茶时掌握好时间与水温，在调制奶茶时精心调配茶与奶的比例，才能制作出一杯色香味俱佳的珍珠奶茶。这杯饮品不仅是口感上的享受，更是制作过程中对细节的把控与追求完美的体现。

二、口感特点

珍珠奶茶是一种融合了多重口感与味觉体验的饮品，它在现代社会中已成为一种文化现象，深受年轻人喜爱。珍珠奶茶不只是简单的茶、奶和珍珠的结合，而是一种多层次的味觉享受，这种饮品通过精妙的配比与制作工艺，带来了独特且丰富的口感体验。

当品尝珍珠奶茶时，最先感受到的往往是茶的清香。茶作为这款饮品的基础，它的香气直接影响到整个饮品的风味。不同的茶叶，如红茶、绿茶、乌龙茶等，带来的香气各有千秋，红茶的浓郁醇厚、绿茶的清新淡雅以及乌龙茶的独特韵味，都可以赋予珍珠奶茶不同的个性。这种茶香在口腔中弥漫，能够唤起味蕾的愉悦感，并为接下来的味觉体验做好铺垫。茶的清香带有一种天然的清新感，让人仿佛置身于山间茶园，吸收着自然的芬芳。

奶是珍珠奶茶中不可或缺的组成部分，它的存在不仅是为了增加奶香，更是为整个饮品增添了一种浓郁且柔和的质感。奶的醇厚与茶的清香相互交织，形成了一种独特的味觉体验。一方面，奶的浓郁让茶的清香更加鲜明，另一方面，茶的淡雅又能有效地中和奶的浓烈，使得整体口感更加均衡。这种醇厚的口感在舌尖上层层绽放，仿佛一层柔滑的面纱，覆盖在味蕾之上，带来一种温暖而又满足的感觉。然而，真正让珍珠奶茶与众不同的，还在于那一颗颗晶莹剔透的珍珠。珍珠的软弹口感是珍珠奶茶的灵魂所在。当咬下第一口珍珠时，那种软而不烂、弹而不硬的口感会立刻让人感受到一种前所未有的愉悦。这种软弹的口感与茶和奶的柔滑形成鲜明的对比，使得饮品在口中拥有了更多的层次感。每一颗珍珠都像是味觉的惊喜，带来一种独特的咀嚼快感，让人忍不住一口接一口地享受。

珍珠奶茶的甜度和奶味是可以根据个人喜好进行调整的，这使得每一杯珍珠奶茶都能成为独一无二的味觉体验。有些人喜欢甜度较高的珍珠奶茶，这样可以让茶的微苦与奶的醇厚达到一种甜美的平衡；而有些人则偏爱低糖的口感，这样可以更好地品味茶叶本身的香气与奶的原始风味。奶味的浓度也可以根据喜好进行调整，奶味浓郁的珍珠奶茶可以带来一种更加丰满的口感，而奶味较轻的版本则能够让茶的香气更加突出。正是这种可以根据个人偏好进行调配的特性，使得珍珠奶茶成为一种非常多样化的饮品，每个人都可以根据自己的口味找到最适合自己的那一杯。

珍珠奶茶不仅是一种饮品，它更是一种文化符号，代表了现代年轻人对生活品质的追求。它不仅能够带来味觉上的享受，更是社交生活中的一种重要元素。在与朋友的聚会中，点上一杯珍珠奶茶，品味那种独特的口感，已经成为一种习惯。无论是夏日的午后，还是冬日的寒夜，珍珠奶茶都能够带来一种特殊的满足感。这种饮品通过其丰富的层次感和多变的口味选择，成为现代生活中不可或缺的一部分。

珍珠奶茶的口感特点是多重感官体验的综合体，它融合了茶的清香、奶的醇厚以及珍珠的软弹口感，形成了一种独特且富有层次感的味觉享受。这种饮品通过茶与奶的相互交织，以及珍珠所带来的独特口感，展现了现代饮品文化中的无限创意与个性。

三、创新风味

珍珠奶茶作为一种风靡全球的饮品，其魅力不仅源于它独特的口感和文化背景，更在于它在传统基础上的不断创新，这使得其得以在全球市场上长期保持吸引力。随着时代的变迁和消费者口味的多样化，珍珠奶茶已经不再局限于最初的经典口味，而是融入了各种创新元素，使其焕发出更加迷人的光彩。

在珍珠奶茶的创新风味上，最为突出的便是加入了水果元素。随着人们健康意识的增强和对天然食材的青睐，水果逐渐成为奶茶中不可或缺的一部分。草莓、芒果、柠檬、菠萝等新鲜水果的加入，使得传统的珍珠奶茶焕发出全新的活力。这些水果不仅为奶茶增添了丰富的色彩和层次感，还带来了天然的甜味和酸味，使得奶茶的口感更加立体和丰富。例如，草莓奶茶以其鲜艳的红色和酸甜的口感深受年轻人的喜爱，而芒果奶茶则以其浓郁的果香和柔滑的口感俘获了不少热带水果爱好者的心。通过将各种水果与珍珠奶茶结合，消费者能够体验到不同于传统奶茶的单一口感，而这种变化也正是珍珠奶茶能够在竞争激烈的饮品市场中保持活力的重要原因之一。

抹茶作为一种源自日本的传统茶叶粉末，其浓郁的茶香和独特的味道，使得它成为珍珠奶茶创新风味中的另一重要元素。抹茶与奶茶的结合，不仅带来了视觉上的冲击，还为味蕾带来了新的体验。抹茶奶茶以其深绿色的色调和微苦的回味，吸引了大批热爱茶饮文化的消费者。抹茶的苦味与奶茶的甜味相互交融，形成了一种独特的味觉平衡，虽然，这种平衡感受并非所有人都能一下子接受，但正因如此，抹茶奶茶在市场上独树一帜，成为一种代表高雅和品位的饮品选择。此外，抹茶的健康属性也为其加分不少，尤其是在人们对健康饮食越来越重视的背景下，抹茶奶茶凭借其抗氧化和提高免疫力等功效，赢得了许多健康爱好者的青睐。

除了水果和抹茶，芝士的加入可谓是近年来珍珠奶茶创新风味中的一大亮点。芝士奶茶的出现，打破了人们对传统奶茶的固有认知。细腻的奶泡与浓郁的芝士完美结合，形成了独特的"双层"口感。喝一口芝士奶茶，先是感受到芝士的咸香和顺滑，随后是奶茶的甘甜与柔和，这种层次分明的口感体验，仿佛让人品尝到了一杯液体甜点。芝士的咸味与奶茶的甜味形成了强烈的对比，正是这种反差，给消费者带来了极大的新奇感。虽然这种口味在推出时引发了一些争议，但不可否认的是，芝士奶茶迅速走红，成为不少饮品店的招牌产品之一。

珍珠奶茶的风味创新并不仅限于以上提到的几种元素。实际上，在不同的地区和文化背景下，珍珠奶茶还融合了更多的本土特色和独特创意。例如，在东南亚地区，椰奶与珍珠奶茶的结合，为这款饮品增添了浓郁的热带风情，而在欧美市场，各种巧克力、咖啡等元素的融入，又为奶茶带来了更多的西方风味。不同的调配方式和配料组合，使得珍珠奶茶始终保持着新鲜感和市场吸引力。每一杯珍珠奶茶的背后，都是一场关于味觉的冒险和探索，不断突破传统的束缚，去迎合和引领消费者不断变化的口味。

通过对水果、抹茶、芝士等元素的大胆尝试与创新，珍珠奶茶成功地跳脱出了传统饮品的框架，成为一种兼具传统与现代、东方与西方特色的全球化饮品。这种创新不仅是在口味上的突破，更是在饮食文化上的融合与创新。珍珠奶茶的每一次创新，都是对传统的继承与发展，是对现代生活方式的深刻理解与回应。正是这种不断创新和追求卓越的精神，使得珍珠奶茶在全球范围内长盛不衰，成为无数人心目中不可替代的美味享受。

第三节　艺术拉花茶

一、制作方法

艺术拉花茶的制作过程是一种极具创造力与技巧的表现，它不仅需要对材料精准把控，更需要娴熟的技艺与灵感的结合。选用一杯醇厚浓郁的茶或咖啡作为基底，这是整杯艺术拉花茶的灵魂所在。无论是红茶、绿茶，还是浓烈的咖啡，基底的选择直接决定了成品的风味和整体感受。

在准备基底之后，需要一份高品质的牛奶，这个步骤显得尤为重要。牛奶的选择必须具有丰富的乳脂肪含量，这不仅能带来顺滑的口感，更是制作出细腻奶泡的关键。为了达到最佳效果，通常选择全脂牛奶或微脂肪牛奶，因为这些牛奶的脂肪含量适中，能够在加热时形成理想的泡沫结构。而后将牛奶倒入搅拌杯中，使用蒸汽棒加热。这个过程需要极高的注意力与技巧，因为温度过高会导致牛奶分离成水与脂肪，破坏奶泡的质感与稳定性。在蒸汽的作用下，牛奶中的蛋白质与脂肪发生变化，逐渐变得稠密并产生大量细腻的泡沫。打发牛奶的过程看似简单，但实际上是一个需要经验与细心的步骤。蒸汽的温度、打发的时间、手腕的力量与速度，都会直接影响到奶泡的细腻程度与持久性。理想的奶泡应当是如同丝绸般顺滑、光亮且没有明显的大气泡，呈现出一种厚重且均匀的质感。牛奶打发好之后，便是整个制作过程的核心环节——拉花。将打发好的牛奶从容器中缓缓倒入准备好的茶或咖啡基底中，这一过程需要稳定的手感与流畅的动作。在倒奶泡的过程中，手腕的微小角度调整、注入速度的控制以及奶泡的流动方向，都会对最终图案的形成产生影响。要想在杯中呈现出完美的图案，往往需要制作者在无数次练习中找到手感的精确控制点。

拉花的图案多种多样，从简单的心形、树叶形到复杂的玫瑰花形、天鹅形，甚至可以形成抽象的图案与渐变的颜色层次。这些图案不仅是技艺的展示，更是艺术灵感的结晶。每一杯拉花茶的图案都是独一无二的，它们记录了制作者当时的灵感与手感。经验丰富的制作者往往能够凭借手中的微小动作变化，创造出层次分明、色彩过渡自然的图案，这种能力绝非一日之功，而是长期积累与不断尝试的结果。在拉花的过程中，奶泡的厚度与基底的融合也是决定成败的关键。如果奶泡过于厚重，容易导致图案边缘模糊，缺乏细腻的层次感；而如果奶泡过薄，则难以在液体表面形成明显的图案。茶或咖啡基底的温度也需要适中，过热或过冷都会影响奶泡的稳定性和图案的清晰度。因此，整个拉花过程不仅考验制作者的艺术感知力，更需要对材料、温度、时间的精准把控。

当一杯艺术拉花茶呈现在眼前时，它不仅是一杯饮品，更是一件艺术品。观赏者不仅能从中感受到咖啡或茶与牛奶融合的美妙口感，还能通过视觉享受那一份独特的图案美学。制作艺术拉花茶是一种对手工技艺的挑战，也是一种对美的追求与表达。无论是简单的几何图形，还是复杂的多层次图案，制作者都在其中融入了自己的情感与创意，让每一杯茶或咖啡都拥有了独特的个性与魅力。对于制作者来说，每一次拉花都是一次新的尝试与探索，而对于品尝者来说，每一杯艺术拉花茶都是一场视觉与味觉的双重享受。

二、视觉效果

在现代生活中，饮茶早已不再仅仅是一种品味口感的享受，更成为一种视觉的盛宴。拉花茶便是这种现象的完美代表，它不仅将茶的风味带到了新的高度，还赋予了其独特的美学价值。在一个杯盏之间，茶艺师通过高超的拉花技巧，将一杯普通的茶变成了一件艺术品。这种艺术的呈现不仅能够让人从视觉上感受到美的冲击，还能够在品茶的过程中增加仪式感，使得整个饮茶体验得到了极大的提升。

在一杯拉花茶中，茶艺师如同画家般，通过娴熟的手法和独特的创意，将简单的茶水和奶泡结合，绘制出各种令人惊叹的图案。这些图案有时是简单而经典的心形，代表着温馨与爱意；有时则是复杂精美的花朵，象征着自然的美丽与生命的力量；甚至还有栩栩如生的小动物形象，给人一种活泼可爱的感觉。每一幅图案都仿佛蕴含着独特的情感和故事，通过视觉传递给品茶者，增加了品茶的乐趣和情感体验。

拉花茶的制作过程本身就是一门艺术。茶艺师需要在极短的时间内，将奶泡和茶水完美地融合，并以灵巧的手法绘制出图案。这种过程要求茶艺师具备极高的技术水平和艺术审美，不仅要掌握茶和奶泡的最佳比例，还要精准地控制手部的力度和速度，以确保图案的完美呈现。这样的技巧不仅是经验的积累，更是对美学的一种深刻理解和表达。可以说，每一杯拉花茶的背后，都是茶艺师对美的追求和对艺术的执着。

这种对视觉效果的追求，使得拉花茶不仅是一种饮品，更成为一种文化的象征。在一些高端茶馆和咖啡厅，拉花茶已成为不可或缺的一部分，它不仅吸引了众多茶客前来品尝，也成为人们社交生活中的一个亮点。无论是朋友聚会，还是商务会谈，拉花茶都能够增添一种独特的氛围。这种氛围不仅让人感到放松和愉悦，还能够通过视觉和味觉的双重享受，提升整个饮茶过程的品质和品位。

对于许多品茶者来说，拉花茶不仅是一杯茶，还是一个展示自我品位和审美的机会。在社交媒体的推动下，越来越多的人喜欢将自己品尝到的精美拉花茶图案拍照上传，分享给朋友和家人。这种行为不仅展示了个人的生活方式和品位，也促进了拉花茶文化的传播和发展。随着时间的推移，拉花茶已经成为人们生活中不可或缺的一部分，它不仅让饮茶变得更加有趣，也让品茶成为一种艺术的享受。

拉花茶的视觉效果也在不断发展和创新。随着茶艺师不断探索新的技艺和创意，越来越多新颖的图案和风格被引入到拉花茶中。例如，一些茶艺师开始尝试将不同颜色的茶水和奶泡结合，创造出色彩斑斓的图案，让拉花茶的视觉效果更加丰富多彩。还有一些茶艺师则通过创新的手法，绘制出更为复杂和细腻的图案，让人们在品茶的同时，也能感受到一种独特的艺术氛围。

这种视觉效果的提升，不仅增强了拉花茶的观赏性，也进一步丰富了饮茶的文化内涵。在欣赏这些精美图案的同时，品茶者也能够通过视觉感受到茶艺师的创意和用心，从而更好地理解和欣赏茶文化的深厚底蕴。对于那些热爱艺术和美的人来说，拉花茶无疑是一种极具吸引力的存在，它不仅满足了人们对美的追求，也让茶这种传统饮品在现代生活中焕发出了新的活力。

拉花茶通过其独特的视觉效果，将传统的饮茶文化推向了新的高度。它不仅为人们带来了味觉上的享受，更通过精美的图案和艺术性的表达，为品茶过程增添了一份视觉的愉悦。这种愉悦不仅让人们在品茶时身心放松，也让茶这种古老的饮品在现代生活中展现出了全新的魅力和价值。在未来，随着茶艺师不断创新，拉花茶的视觉效果必将继续演变和提升，为人们带来更多的惊喜和享受。

三、技能培训

制作艺术拉花茶并非简单的茶饮制作过程，而是一项需要极高技艺和技巧的艺术表现形式。它不仅是将茶和牛奶简单混合，更是一种视觉和味觉的双重享受，也是一种将平凡的茶饮转化为精美艺术品的过程。要掌握这项技艺，学习者必须经过系统且深入的培训，尤其是在牛奶的打发和拉花手法这两个核心环节上。

牛奶的打发是制作拉花茶的基础环节之一，它直接影响到拉花图案的质量和效果。打发牛奶并不像看上去那么简单，实际上需要对牛奶的种类、温度、蒸汽压力等多种因素有深刻的理解。不同种类的牛奶，其脂肪含量不同，打发的效果也会有所不同。比如，含有较高脂肪的全脂牛奶更容易形成浓厚、细腻的奶泡，而低脂或脱脂牛奶则相对较难操作，打出的奶泡可能较为稀薄或不够稳定。

在打发牛奶的过程中，蒸汽棒的位置和角度、打发时间的长短、牛奶的温度控制，都是至关重要的细节。蒸汽棒的角度如果掌握不好，很容易导致奶泡过多或者不够细腻，影响最终的拉花效果。同时，加热的温度也需要控制在适宜的范围内，一般来说，在65～70℃为最佳，过高的温度会使牛奶过度打发，破坏奶泡的质感，而过低的温度则会使奶泡不够稳定，无法形成理想的图案。因此，打发牛奶的过程实际上是一种对细节的把控和感知力的训练，是整个拉花技艺的关键起点。

在牛奶打发完成之后，拉花的过程则是技艺展示的核心部分。这一过程要求茶艺师具备高度的手眼协调能力和丰富的想象力。在拉花的过程中，茶艺师需要将打发好的奶泡缓缓倒入茶饮中，通过巧妙的手法和流畅的动作，使奶泡与茶液交融，并在液面上形成各种精美的图案。拉花的手法多种多样，包括点拉、推拉、旋转等，不同的手法会产生不同的视觉效果和图案风格。

在具体操作中，手的稳定性和流畅性极为重要，稍有颤动或停顿，都会破坏图案的完整性或导致线条模糊不清。茶艺师必须通过反复的练习，熟练掌握每一种手法，并能够在操作中保持持续的稳定性和流畅性。与此同时，在拉花过程中对力度的掌控也十分关键。力度过大，奶泡会过快进入茶液，无法在表面形成清晰的图案；力度过小，奶泡则可能滞留在表面，导致图案不够精致。此外，拉花图案的设计与创造力息息相关，尽管拉花技艺有一定的操作规范，但每一位茶艺师都可以根据自己的创意和审美，设计出独特的拉花图案。常见的拉花图案如心形、树叶、郁金香等，都是通过不断的练习和摸索，逐渐发展出来的经典图案。这些图案看似简单，实则蕴含着丰富的技艺和巧妙的心思，每一笔都凝聚着茶艺师的用心和技巧。

为了让学员更好地掌握拉花技艺，许多茶艺培训课程已将拉花技巧作为重要的教学内容之一。培训中，学员通常会从最基础的打发牛奶开始，逐步学习不同的拉花手法，并通过不断的实践和练习，积累经验，提升技艺水平。这样的培训不仅帮助学员掌握拉花的基本技艺，还能培养他们的创意思维和艺术感受力，使他们能够在拉花的过程中融入个人的风格和情感，从而创造出具有独特魅力的拉花艺术作品。

拉花茶的制作过程实际上是对技艺、创意和细节的全方位考验。通过系统的技巧培训，学员能够从中学会如何把控每一个细节，如何通过手中的工具，将普通的茶饮转化为一件件精美的艺术品。随着时间的推移，拉花技艺不仅会成为他们的专业技能，更会成为他们表达创意和追求艺术的载体。在这项技艺的不断磨练和精进中，每一位茶艺师都将找到属于自己的艺术表达方式，将一杯杯拉花茶变成自己创意的独特展现。

第四节　茶鸡尾酒

一、制作方法

茶鸡尾酒的制作，是将茶与酒巧妙结合的过程，赋予了饮品独特的风味和口感。这种结合方式并非简单的叠加，而是通过精心挑选茶叶与酒的种类，再经过多次调配实验，才得以展现出最佳的口感平衡和香气层次。通常情况下，茶被视为基底，扮演着承载其他味道的角色，而不同类型的酒则起到点睛之笔的作用，将茶的特性放大或是柔化，从而创造出既保留茶的风味又增添酒的醇厚的独特饮品。

在茶鸡尾酒的调制过程中，浓茶常常被用作基底。浓茶的选择非常广泛，可以是红茶、绿茶、乌龙茶，甚至是更具特色的普洱茶或白茶。每一种茶都有其独特的味道和香气，能够与不同种类的酒形成独特的组合。例如，红茶具有浓郁的香气和较为厚重的口感，适合作为威士忌的搭档，而绿茶则以其清新爽口的特点，能够与伏特加交相辉映。乌龙茶的层次感和丰富的口感，使其成为搭配白酒的理想选择，而普洱茶的醇厚和略带泥土气息的特点，则与朗姆酒相得益彰。

在茶基底的基础上，酒类的选择也是茶鸡尾酒调制中的关键一环。常见的酒类包括白酒、威士忌、伏特加、朗姆酒、金酒等。白酒以其强烈的酒精度和独特的香气，能够在茶的温润中带来一丝刚烈的碰撞感；威士忌则因其丰富的麦芽香气和陈年木桶带来的层次感，能够为茶基底注入深沉的韵味；伏特加以其清淡的口感和高度的混合性，成为茶鸡尾酒中最百搭的酒类之一，无论是与红茶还是绿茶搭配，它都能展现出不同的风味变化；朗姆酒则以甜美和带有热带水果气息的特点，赋予茶鸡尾酒一种独特的异域风情；金酒则因其丰富的植物香料成分，可以在茶的基础上增添一种清新而复杂的香气，使得鸡尾酒的味道更为饱满立体。

除了茶和酒，果汁、糖浆和香料的选择和使用，也是影响茶鸡尾酒最终风味的重要因素。果汁的使用，可以为茶鸡尾酒增添一层鲜明的果味，使得饮品口感更加丰富和多变。柠檬汁或橙汁常常被用于调和茶和酒之间的味道，使得整体口感更加和谐。糖浆则能够增加茶鸡尾酒的甜度，调和茶和酒之间可能存在的不协调口感，同时还可以通过不同风味的糖浆，进一步丰富饮品的层次感。例如，蜂蜜糖浆可以增添一丝天然的甜味和香气，而姜糖浆则能够为饮品带来一丝辛辣感，使得口感更加多样化。香料的使用，则更像是茶鸡尾酒调制中的点睛之笔，无论是肉桂、八角，还是薄荷、迷迭香，都能够在茶与酒的基础上，为饮品带来一种独特的香气，使得鸡尾酒的整体风味更为丰富和引人入胜。

在茶鸡尾酒的调制过程中，不同成分的加入顺序和比例，也是决定最终味道的重要因素。调酒师通常会根据不同茶叶的特点以及酒的特性，选择合适的比例，使得茶和酒在味道上达到最佳的平衡。同时，调酒的手法也会影响到鸡尾酒的口感和观感，例如搅拌、摇晃、过滤等不同的手法，会使得饮品的口感更加细腻或是层次感更为分明。此外，冰块的使用也是调制茶鸡尾酒时不容忽视的一环，适量的冰块不仅能够控制饮品的温度，使其更适宜饮用，还能够在摇晃过程中使得茶和酒更好地融合在一起，从而展现出更为丰富的口感。

茶鸡尾酒的魅力，不仅在于其所展现出的多样化口感和香气，还在于它所蕴含的无限可能性。调酒师可以根据个人的喜好和创意，不断探索和尝试新的茶和酒的组合，从而创造出独一无二的风味体验。正是这种不断探索和创新的精神，使得茶鸡尾酒不仅成为一种饮品，更成为一种艺术的表现形式。每一杯茶鸡尾酒，都是茶与酒的完美结合，既保留了茶的清新与细腻，又融入了酒的浓烈与丰富，带给品尝者一种独特而难忘的味觉体验。

二、口感特点

茶鸡尾酒的独特之处在于完美地将两种截然不同的饮品——茶与酒——融合在一起，创造出一种独具魅力的味觉体验。茶叶的清香与酒精的浓烈相互交织，形成了一种复杂而多变的口感层次。这种饮品不仅是简单的混合，而是在细致的调配和精准的平衡下，让两者在口中共舞，展现出一种微妙的和谐。

当茶与酒相遇，口感便由此变得更加丰富而富有层次。每一口都像是一次味觉的探险，你会先感受到茶的淡雅香气，那是一种柔和、宁静的味觉体验，仿佛置身于一片茶园之中，微风拂过，带来阵阵茶香。茶的清新与天然的草本气息，给人以舒适和平静的感觉。然而，茶鸡尾酒并不止步于此，当酒精的力量逐渐在口中蔓延时，这种宁静被打破，取而代之的是一股迅猛而热烈的刺激感。酒的浓烈在口中绽放，带来了全新的味觉冲击。酒精的强烈刺激与茶的柔和香气交相辉映，形成了一种独特的对比，使得整体口感显得既有层次感又不失平衡。

不同的茶叶与酒精的搭配，会赋予茶鸡尾酒截然不同的风味，这也是其令人着迷之处。绿茶与清酒的结合，是一种清新与醇厚的碰撞。绿茶带有天然的青草味与微苦的后味，这种特性与清酒的柔和醇香完美契合，既保留了茶的雅致，又融入了酒的甜美，形成了一种清爽而不失深度的口感。而当红茶与威士忌相遇时，口感则截然不同。红茶的浓烈与威士忌的烟熏味融合在一起，带来了一种厚重且富有力量的味觉体验。红茶的苦涩与威士忌的辛辣共同在口中绽放，如同一场风暴，将味觉带入一个新的境界。这种搭配既有红茶的古朴优雅，又不失威士忌的野性与热情，给人一种深沉而富有冲击力的享受。

乌龙茶与金酒的结合，则是一种精致与复杂的交汇。乌龙茶独特的花香与金酒的植物香料味交织在一起，形成了一种细腻且富有层次感的口感。乌龙茶的香气是温柔且悠长的，带有一丝丝的甜味，而金酒的独特香料则为这种甜美增添了些许神秘与复杂。两者相互交融，使得茶鸡尾酒在口感上更加丰富且充满变化。每一口都如同在品味一幅复杂的画作，细节丰富而令人回味无穷。此外，普洱茶与朗姆酒的结合也值得一提。这种搭配带来了深邃而浓郁的口感体验。普洱茶的陈香与朗姆酒的甜美形成了鲜明的对比。普洱茶的厚重与微涩，经过时间的沉淀，带有一种独特的成熟气息，而朗姆酒的甘甜与温暖则为这种厚重增添了一丝轻松与愉悦。两者的结合如同一段跨越时空的对话，既有普洱茶的历史沉淀，又带有朗姆酒的现代气息，使得口感既丰富又深刻。

茶鸡尾酒的魅力在于它能够根据不同的茶与酒的组合，呈现出无限种可能的口感体验。它既可以是轻盈而清新的，也可以是浓烈而复杂的，无论是哪种风味，都在茶与酒的交融中达到了完美的平衡。每一杯茶鸡尾酒都是一种艺术品，是调酒师用心调配出的味觉奇迹。茶的清香与酒的浓烈，在这杯小小的茶鸡尾酒中找到了最理想的契合点，共同为品尝者带来了一场难忘的味觉盛宴。

在这个过程中，茶与酒相互衬托、彼此成就，创造出了一种既传统又现代的味觉体验。茶鸡尾酒的口感丰富多变，既包含了茶的雅致，又融入了酒的激情，使得每一口都充满了惊喜与愉悦。无论你钟爱哪种风味，茶鸡尾酒都能带给你一种全新的味觉享受，让你在品味的过程中感受到茶与酒之间那份微妙的平衡。

三、创意调配

茶与酒的结合，为调酒艺术开辟了广阔的创意空间，这种组合不仅跨越了地域与文化的界限，还在味觉的碰撞中孕育出无尽的可能性。不同国家和地区的调酒师在这一领域展现出无穷的创意，他们不断尝试新的搭配，从而创造出各具特色的茶鸡尾酒，吸引了无数热衷于尝试新奇口味的消费者。

绿茶与伏特加的组合便是一个鲜明的例子。绿茶清新自然的味道与伏特加的纯净透明形成了一种微妙的平衡。这种搭配不仅保留了绿茶的草本芳香，还增强了伏特加的口感深度。两者的结合如同一场和谐的对话，在唇齿间绽放出独特的味觉体验。这种鸡尾酒适合夏日的清凉消暑，被那些寻求清新且不失酒精力量的饮者所选择。绿茶中蕴含的微苦与伏特加的纯净相辅相成，形成了一种既让人耳目一新，又不失复杂层次的口感。与之相对，红茶与威士忌的搭配则展现出一种完全不同的风格。红茶的醇厚与威士忌的深邃相遇，使得这款茶鸡尾酒充满了浓郁的香气与厚重的口感。红茶特有的苦涩味在威士忌的衬托下得到了进一步的提升，使得这种组合适合在寒冷的冬夜里品尝，被那些追求成熟与深沉风味的饮者所选择。红茶与威士忌的结合更像是一种仪式，一种需要细细品味的体验。两者的结合不仅保留了各自的特色，还在碰撞中创造出一种全新的味觉感受，令人回味无穷。

在这些成功的经典搭配之外，不同的调酒师还在不断尝试新的组合，探索更多的可能性。乌龙茶与龙舌兰的结合是一种极富创意的尝试，乌龙茶的半发酵特质赋予了这款鸡尾酒丰富的层次感，而龙舌兰的独特风味则为其增添了一丝狂野与奔放的气息。这种搭配大胆而不失平衡，适合那些喜欢冒险与创新的饮者。而普洱茶与朗姆酒的结合则走向了另一种极端，普洱茶的陈年气息与朗姆酒的甜美形成了一种矛盾却和谐的统一，使得这款茶鸡尾酒带有一种历史的厚重感，适合在静谧的夜晚中细细品味。

这些茶与酒的组合，不仅是味觉上的创新，更是文化的交融。茶作为一种东方文化的代表，在与西方酒精饮品的结合中，展现出了无与伦比的适应性与包容性。不同地区的调酒师通过这些创意调配，不断地将茶的文化内涵与酒的激情碰撞，创造出令人耳目一新的茶鸡尾酒。这种跨文化的结合，不仅拓宽了调酒的创意空间，也吸引了越来越多的消费者，使他们对这一新兴领域产生浓厚兴趣。

茶鸡尾酒的创意调配不仅停留在味觉的探索上，还融入了视觉与感官的享受。调酒师在茶鸡尾酒的制作过程中，往往会加入一些独特的装饰元素，如柠檬片、薄荷叶或者花瓣等，不仅提升了饮品的视觉美感，还为其增添了新的风味层次。这些细致入微的设计，使得茶鸡尾酒不仅是一种饮品，更是一种艺术品，展现了调酒师对细节的极致追求。

随着茶鸡尾酒的不断发展，这一领域也在逐渐形成自己的文化与风格。茶与酒的结合正成为一种新的饮品潮流，吸引着全球各地的饮者。无论是在高档的酒吧，还是在家庭聚会中，茶鸡尾酒逐渐成为一种不可忽视的选择。它的多样性与创新性，使得每一款茶鸡尾酒都独一无二，带给人们不同的味觉体验与感官享受。

茶鸡尾酒的创意调配无疑为调酒界带来了新的活力与可能性。这种跨越文化与地域界限的创新组合，不仅丰富了调酒的内涵，也为消费者带来了全新的味觉体验。无论是清新的绿茶伏特加，还是厚重的红茶威士忌，每一款茶鸡尾酒都在述说着不同的故事，展现出调酒师无尽的创意与想象力。未来，茶鸡尾酒的创意调配必将在更多的尝试与探索中，继续引领饮品潮流，成为调酒艺术中不可或缺的一部分。

第二篇　海南茶文化的根基与发展

第四章 海南茶叶的自然环境

本章深入探讨了海南茶叶的自然环境及其对茶产业的影响。首先，分析了地理与气候对茶叶种植的关键作用，揭示了海南独特的自然条件如何造就了优质的茶叶。其次，介绍了海南特有的茶叶品种，展示了这些品种的特性和市场价值。再次，详细讲解了茶叶的种植与采摘技术，强调了这些技术在提高茶叶品质中的重要性。最后，探讨了海南茶叶的市场与经济影响，展示了茶产业在海南经济发展中的重要角色及其广阔前景。

第一节 地理与气候对茶叶种植的影响

一、独特的地理位置

海南省，地处中国的南部边陲，以其独特的地理位置和得天独厚的自然条件，成为茶叶种植的理想之地。海南岛四面环海，位于北纬 18° 至 20° 之间，完全处于热带地区。这样的地理位置，赋予了海南与其他茶叶产区截然不同的自然条件，尤其是在气候方面，展现出无与伦比的优势。

海南处在热带季风海洋性气候区，这意味着它全年温暖湿润，阳光充足。这些自然因素不仅有助于茶树的生长，也为茶叶的品质提供了保障。海南的年均温度为 24℃，这一温度极为适宜茶树的生长。与中国大陆其他茶区相比，海南的气温波动较小，使得茶树能够在一个相对稳定的环境中生长，这对茶叶的品质尤为重要。长时间的阳光照射，使得海南茶叶中的茶多酚和氨基酸含量更为丰富，赋予了茶叶独特的香气和口感。

　　海南的降水量也为茶叶的生长提供了重要保障。作为一个热带季风海洋性气候区，海南的降水量极为丰富，年均降水量为 1500～2000mm。这种充沛的降水量，不仅满足了茶树对水分的需求，同时也有助于调节土壤的温湿度，为茶树创造了一个最佳的生长环境。海南的茶园多分布在山区和丘陵地带，这些地区的土壤肥沃，排水良好，适宜茶树生长。丰富的降水量和良好的土壤条件，使得海南的茶叶产量稳定，品质上乘。

　　独特的地理位置还赋予了海南茶叶不同于其他地区茶叶的特色。海南的茶叶大多种植在海拔较低的地区，茶树能够充分吸收来自海洋的湿润空气和充足的阳光。在这种环境下生长的茶叶，茶质柔和、香气浓郁、口感鲜爽。海南的茶叶不仅依赖自然条件，还得益于当地茶农的精湛技艺。多年来，海南茶农积累了丰富的经验，他们不仅懂得如何利用自然条件来种植优质茶叶，还通过不断改良和创新种植技术，进一步提升了海南茶叶的品质。此外，海南的独特地理位置使得其成为茶叶新品种的培育基地。由于海南的气候条件优越，茶树的生长周期较短，采摘期长，因此，许多茶叶研究机构选择在海南进行茶叶新品种的培育实验。这些新品种不仅具有更高的抗病虫害能力，还具有更高的产量和品质，为海南茶叶产业的发展注入了新的活力。值得一提的是，海南的地理位置不仅为茶叶种植提供了良好的条件，也使得海南茶叶能够远销国内外。在古代，海南作为中国对外贸易的重要节点，通过海上丝绸之路，将茶叶远销到东南亚和中东等地区。如今，海南的茶叶产业蓬勃发展，凭借其独特的地理优势和优质的产品，逐渐在国际市场上占据了一席之地。

　　海南独特的地理位置不仅造就了其优越的茶叶种植条件，也为海南茶叶产业的发展提供了重要保障。在未来，随着科学技术的进步和市场需求的增加，海南茶叶产业必将在这片得天独厚的土地上焕发出更加耀眼的光彩。海南茶叶，以其独特的品质和卓越的口感，将继续为世人所喜爱，并为中国茶叶文化的传承与发扬作出更大的贡献。

二、适宜的气候条件

　　海南的气候条件以温暖湿润著称，这样的气候特征无疑为茶叶的生长创造了得天独厚的环境。年平均气温稳定在 22~26℃，这样的温度范围不仅舒适宜人，更是茶树生长的最佳温度区间。温暖的气候使得海南茶树能够全年持续生长，不受寒冷天气的威胁，避免了温度骤降对茶树的损伤。与其他茶叶产地相比，海南的气温波动较小，茶树能够在稳定的温度环境下健康生长，这为茶叶的质量和口感奠定了坚实的基础。

丰富的降水量是海南气候的另一大特征。降水的充足为茶树提供了源源不断的水分供应，确保茶树在生长过程中不会缺失水分。与那些依赖人工灌溉的茶园相比，海南的茶树几乎完全依赖自然降水，这不仅减少了人工成本，还使得茶树能够在自然条件下健康成长。更为重要的是，海南的降水量不仅丰富，而且分布均匀，这种均匀的降水分布使得茶树在一年四季都能获得稳定的水分供应，不会因为季节性干旱或过度降水而影响生长。这种自然的、适宜的生长环境让海南的茶叶在品质上具有独特的优势。

除了温度和降水，海南的湿度条件同样对茶叶的生长至关重要。湿润的气候能够保持茶园中的空气湿度，使得茶树叶片保持一定的水分含量，从而避免干燥、卷曲等不良情况的发生。湿润的环境还能够抑制部分害虫的繁殖，减少病虫害发生的频率，从而减少农药的使用，提高茶叶的纯净度和天然性。海南的空气湿度使得茶叶在生长过程中更为平稳，不会因为干燥而失去应有的风味和品质。

海南独特的气候条件不仅直接影响茶树的生长，还通过影响茶叶的采摘时间和方式，进一步影响茶叶的品质。在温暖湿润的环境下，茶叶的生长周期较短，这意味着可以更频繁地进行采摘，保证茶叶的新鲜度。海南茶叶多为手工采摘，这样的采摘方式更能保证茶叶的完整性和品质。稳定的气候条件使得茶叶在最佳时间进行采摘，避免了气候突变对茶叶品质的影响，从而生产出色香味俱佳的高品质茶叶。

海南的气候条件还为茶叶的多样性提供了可能。由于温暖的气候和丰富的降水量，不同品种的茶树都能够在海南得以繁茂生长。无论是绿茶、红茶还是乌龙茶，海南的气候都为其提供了适宜的生长环境，使得这些茶叶在品质上独具特色。尤其是海南特有的茶叶品种，在这种独特的气候条件下，展现出了与众不同的香气和口感，形成了海南茶叶独有的风味特征。此外，海南的气候条件也为茶园的生态环境保护提供了良好的基础。由于气候条件适宜，海南的茶树无需大量使用化学肥料和农药，从而保护了土壤和水资源的纯净度。海南茶园的生态系统较为完善，茶树、土壤、水源、空气等自然元素和谐共存，共同促进了茶叶的健康生长。这种生态友好的种植方式不仅提高了茶叶的品质，也为茶园的可持续发展奠定了基础。

海南独特的气候条件，不仅使得这里的茶叶生长苗壮，更为茶叶赋予了独特的风味和高品质。在温暖湿润的气候条件下，茶树能够在自然环境中获得最适宜的生长条件，从而生产出色香味俱全的茶叶产品。海南茶叶正是在这样的气候条件下，经过多年的自然筛选和精心栽培，形成了独具特色的品质和口感。可以说，海南的气候不仅成就了这里的茶叶产业，更为全球茶叶市场贡献了不可替代的珍品。

三、土壤肥沃

海南的土地，作为一种自然馈赠，蕴藏着得天独厚的生长条件，这一切都归功于其独特的土壤类型。海南的土壤主要由红壤和砖红壤构成，这些土壤不仅是一种简单的矿物混合物，还是茶树生长的温床，是大自然和谐共鸣的产物。红壤和砖红壤具有非凡的特性，这使得它们在茶树种植方面展现出无与伦比的优势。

红壤和砖红壤富含有机质和矿物质，正是这种丰富的营养成分，使得茶树能够汲取所需的所有元素，从而苗壮成长。有机质是土壤肥力的核心，这些有机质源自动植物的残骸，通过自然的分解过程，释放出氮、磷、钾等植物生长所必需的元素。这些元素以一种可持续的方式回归土壤，形成一个自然的循环系统，为茶树提供了稳定且丰富的营养来源。同时，土壤中的矿物质如钙、镁、铁等元素，也为茶树的生长提供了重要的微量元素。这些微量元素虽然含量不多，但对茶树的生理功能起到了至关重要的作用，直接影响到茶叶的口感、香气以及营养价值。

海南的红壤和砖红壤不仅营养丰富，还具备良好的透气性。这一点尤为重要，因为茶树的根系需要在一个适宜的环境中呼吸和吸收水分。良好的透气性意味着土壤内部有足够的空气空间，这些空间不仅能够容纳氧气，还能让二氧化碳等气体顺利排出，避免根系因缺氧而腐烂。透气性良好的土壤还有助于保持适当的湿度，为茶树根系提供一个既不干燥也不过于潮湿的生长环境。这种透气性直接影响着茶树的健康状况，进而影响茶叶的质量。与此同时，海南的土壤还展现出了良好的排水性。茶树虽然需要水分，但却不喜欢在过于湿润的环境中生长。排水性良好的土壤能够迅速排除多余的水分，防止根系因长期浸泡在水中而出现根腐病。这种土壤结构保证了茶树在雨季或过度灌溉时仍能保持根系的健康，从而不影响茶叶的生长和品质。

海南的土壤不仅有助于茶树的生长，还在茶叶的品质提升方面起到了重要作用。土壤中的有机质和矿物质含量直接影响着茶叶的化学成分，进而影响茶叶的香气和口感。例如，茶叶中的氨基酸、茶多酚等成分都与土壤中的营养元素密切相关。优质的土壤条件使得海南出产的茶叶往往香气浓郁，滋味醇厚，富有独特的地域特色，深受茶叶爱好者的喜爱。此外，海南的土壤环境还具备一定的抗逆性，使得茶树能够在面对自然界的各种挑战时，依然保持良好的生长状态。无论是台风还是干旱，红壤和砖红壤都能通过其优异的结构，保护茶树免受极端天气的侵害。这种抗逆性不仅保障了茶树的生存率，还为茶叶的稳定产出提供了有力保障。

海南的红壤和砖红壤在茶树的种植中发挥了不可替代的作用。这些土壤不仅提供了充足的营养和良好的生长环境，还通过其优越的物理特性，如透气性和排水性，保护茶树免受各种不利因素的影响，从而提升了茶叶的品质。这些土壤就像是海南茶树的坚实后盾，默默地支持着它们的每一次成长，每一片茶叶的诞生，都是这片土地无言的礼赞。这种土壤条件，造就了海南茶叶独特的风味和高品质，成为这片土地最珍贵的自然财富之一。

第二节　海南特有茶叶品种介绍

一、海南大叶种

海南大叶种，这一名字一如其本身，充满了海南岛那片土地独有的浓烈气息。作为海南地区特有的茶树品种，海南大叶种茶叶因其叶片的特殊大小而得名，其在中国茶文化中占有一席之地，具有显著的地方特色和独特的魅力。海南大叶种不仅是因为叶片大而得名，它所蕴含的深厚文化内涵和历史背景，也值得细细品味。

这个品种的茶树以其显著的叶片尺寸而闻名，叶片宽大、厚实，色泽深绿而油亮。这些宽大的叶片，犹如海南这片热土的象征，生机盎然，充满力量。它们不仅是视觉上的独特存在，更是丰富营养与强大生命力的载体。这些叶片在茶树生长过程中吸收了大量的阳光和养分，积蓄了丰富的芳香物质和氨基酸，为后期的制茶工艺提供了得天独厚的原料。

海南大叶种之所以能够在这片土地上广泛种植，并且成为当地茶农的重要选择，不仅是因为它的叶片大，更在于它的适应性和强大的抗病虫害能力。海南的气候条件独特，四季如夏，湿度较大，海南大叶种却能在这样的环境中茁壮成长，充分展现了它的顽强生命力。相比其他茶树品种，海南大叶种对海南的高温、高湿环境具有极强的适应能力，无论是海风的侵袭，还是雨季的连绵湿气，都不能轻易影响它的生长。这种适应能力也使得海南大叶种在种植过程中，能够有效抵御各种病虫害，减少了茶农在农药使用上的依赖，从而保障了茶叶的绿色与环保品质。

除了强大的抗病虫害能力，海南大叶种还以其高产量而闻名。在同等条件下，海南大叶种茶树的产量往往高于其他品种。这种高产量使得茶农在采摘季节能够收获更多的茶叶，从而增加了经济效益。尽管海南大叶种的产量高，但它的茶叶品质却未因产量增加而有所降低，因此，在茶叶市场上广受欢迎。

海南大叶种的茶叶品质优良，茶叶的香气浓郁，犹如海南的椰风海韵，沁人心脾。每一片茶叶都像是浸染了海南的阳光和雨露，带有独特的自然气息。冲泡之后，茶汤色泽金黄，清澈透亮，香气扑鼻，让人仿佛置身于海南的椰林沙滩之间，感受到那份独特的热带风情。而在品味上，海南大叶种的茶叶滋味醇厚，茶汤入口顺滑，甘醇回甜，回味悠长。这样的滋味，不仅是味蕾的享受，更是对心灵的一次洗礼，让人沉醉其中，久久不能忘怀。

海南大叶种不仅是茶，更是海南文化的一个缩影。通过这种茶叶，人们可以感受到海南这片土地的独特魅力。每一杯海南大叶种的茶，都像是与海南大自然的一次对话，透过茶汤，人们可以感受到大自然的馈赠，体验到人与自然的和谐共生。

海南大叶种是一种充满地域特色的茶树品种，因其大而厚实的叶片、强大的适应能力、高产量、优良的品质和浓郁的香气而备受推崇。作为海南独有的珍贵茶叶，海南大叶种不仅代表着海南茶农的劳动成果，更是海南自然条件下孕育出的独特茶文化符号。从种植、采摘到制茶，海南大叶种都以其独特的品质和风味，向人们展示了海南这片土地的无尽魅力。每一口海南大叶种茶汤，都是一段海南故事的开始，都是一场与自然的深情邂逅。

二、黎母山红茶

黎母山红茶，这一名字中所蕴含的地域色彩和丰富的文化内涵，如同一首未完待续的乐章，深深吸引着人们的注意。位于中国南部的海南岛，以其温暖湿润的气候、丰富的降雨量和独特的地理条件，成为这一茶叶品类的故乡。黎母山，这片山川河谷之间蕴藏着古老的自然力量，孕育了无数的生物，也赋予了黎母山红茶独一无二的品质。

黎母山红茶的种植地位于海拔较高的山区，这里有着适宜的温度和湿度，得天独厚的地理环境为茶树的生长提供了优越的条件。茶树在清晨的雾气和温暖的阳光中茁壮成长，吸收了大自然的精华，逐渐形成了紧结的条索和乌润的色泽。黎母山地区土壤肥沃，富含有机质，这些都为茶树提供了充足的养分，进一步提升了茶叶的品质。这种得天独厚的自然条件，加之当地茶农世代传承的精湛制茶技艺，使得黎母山红茶在众多红茶中脱颖而出。

黎母山红茶的外形，宛如一件精致的艺术品。茶叶的条索紧结，形如柳枝般纤细而有力，色泽乌润，宛若凝聚了夜空中的星光。这种紧实的条索不仅是茶叶内在品质的外在体现，更是在品茶者手中时，给予人一种实实在在的满足感。触手可及的乌润色泽，预示着茶叶在冲泡后将展现出迷人的红褐色茶汤。正是这一抹红褐，映衬着茶叶的生命力与自然赋予的纯粹之美。

黎母山红茶的香气，悠远而持久，仿佛能将人带入那片辽阔的山野之间。初闻之时，香气浓郁而不失柔和，仿佛一阵微风从茶树间拂过，带来了大自然的气息。这种香气并非瞬间的惊艳，而是在每一次呼吸之间慢慢渗透，直至沁入心脾。

随着茶叶在沸水中慢慢舒展，香气逐渐升腾，变得更加深沉而绵长，犹如一曲在耳畔久久回荡的乐音。品茶者不由自主地闭上眼睛，似乎能感受到黎母山的清晨，那片晨雾笼罩下的茶园，正如同眼前的茶汤一般，宁静而充满了生命的活力。

黎母山红茶的滋味更是让人流连忘返。这种茶叶入口后，茶汤在口腔中慢慢散开，带来一种浓厚而丰富的口感。初尝之下，茶汤甘醇，微微的苦涩感随之而来，但这种苦涩并非让人不悦，而是迅速被随之而来的甜润所中和，使得整个口感层次分明，变化丰富。茶汤在舌尖的每一次流动，都能带来不同的味觉体验，时而甘甜，时而厚重，时而清爽，仿佛是大自然与人类共同创作的一场味觉盛宴。茶汤在口中回味无穷，留下悠长的余韵，让人久久不愿从这种体验中抽离。

黎母山红茶不仅是一种饮品，更是一种生活的象征。它承载了海南人民对自然的敬畏与热爱，展现了茶农们在日复一日的劳作中积累的智慧与技艺。这种茶叶的背后，是无数个黎明时分的辛勤劳作，是阳光下挥洒的汗水，也是对大自然馈赠的感恩之情。每一片茶叶，都是茶农与大自然共同合作的结晶，是人与自然和谐相处的象征。

在这个浮躁而纷扰的世界里，黎母山红茶仿佛是一股清流，带着自然的气息和纯粹的味道，让人们在每一次品饮中，感受到心灵的宁静与满足。这不仅是茶叶的力量，更是大自然的恩赐，是人类与自然之间那份独特的默契。在茶香氤氲的时刻，人们仿佛回到了那片辽阔的山野，感受着清晨的微风与阳光，感受着大自然的无限魅力。这便是黎母山红茶的魅力所在，它不仅是茶，更是人与自然之间的一种交流与沟通，是生活的一种艺术和享受。

三、海南白茶

海南白茶作为近年来备受关注的一种新型茶叶品种，以其独特的制作工艺和卓越的品质迅速在茶叶市场中崭露头角。尽管在茶叶种类中，白茶的历史可以追溯到古代，但海南白茶的出现为这一古老的品类注入了新鲜的血液，赋予了其独特的地域特色和更为丰富的营养价值。

在海南这片得天独厚的土地上，独特的气候条件和生态环境为茶树的生长提供了理想的环境。海南白茶的茶树主要种植在海拔较高的山区，这些地区空气清新，阳光充足，雨量适中，再加上土壤肥沃，这些自然条件使得茶树能够充分吸收大自然的精华，孕育出品质卓越的茶叶。与传统的白茶相比，海南白茶在制作工艺上有所创新，既保留了传统白茶的工艺精髓，又结合了现代科技的进步，形成了独特的风格。

海南白茶的制作过程讲究精益求精。茶叶的采摘通常选择在清晨，茶农们精心挑选出芽叶肥壮、毫尖饱满的嫩芽，力求在最短的时间内完成采摘，以保留茶叶的鲜嫩与原生态。采摘后的茶叶在制作过程中，严格控制温度与湿度，不经过任何发酵过程，这使得茶叶保持了最原始的形态和天然的营养成分。在制作工艺中，茶叶经过日晒、萎凋、轻揉、干燥等环节，每一道工序都精雕细琢，力求保留茶叶的清香和纯净的口感。经过这些步骤，海南白茶的外形得以呈现出银白色毫毛覆盖的独特形态，叶片细腻而匀整，显得格外美观。

泡制后的海南白茶，汤色清澈透亮，犹如一池清泉，淡淡的金黄色泛着诱人的光泽。茶汤入口，清新爽口，带有淡淡的花香与果香，滋味鲜爽而甘醇，回味悠长，让人一饮难忘。与传统白茶相比，海南白茶的口感更加细腻柔和，不仅适合茶叶爱好者的日常品饮，更适合作为茶道文化的一部分，提升饮茶的仪式感与品质感。除了口感上的享受，海南白茶还具有极高的保健价值。白茶本身就因其富含多种对人体有益的成分而受到青睐，海南白茶更是凭借其天然无污染的生长环境，以及在制作过程中保留的丰富营养成分，成为保健养生的佳品。研究表明，海南白茶中含有丰富的茶多酚、氨基酸、维生素以及矿物质等成分，这些成分具有抗氧化、抗炎、降血脂、提高免疫力等功效。此外，海南白茶还具有清热解毒、生津止渴的作用，长期饮用有助于调节身体的代谢功能，增强体质。

海南白茶的市场发展前景广阔。随着人们对健康饮品需求的增加以及对传统茶文化的重新认识，海南白茶凭借其独特的地域优势和优质的产品特性，逐渐在国内外市场中赢得了广泛的认可与喜爱。尤其是在现代社会快节奏的生活方式中，海南白茶因其制作工艺简单，饮用方便，成为越来越多消费者的首选。

海南白茶的崛起不仅丰富了白茶的种类，也为海南的茶产业带来了新的发展机遇。随着茶叶市场的不断扩大和消费者需求的多样化，海南白茶在未来的发展中，将进一步挖掘其潜在价值，不断提升产品质量和品牌影响力，推动海南茶叶在国内外市场的进一步推广和普及。同时，海南白茶也将成为传播海南茶文化的重要载体，通过茶叶这一媒介，将海南的自然风光、人文底蕴与健康理念传递给更多的消费者。

海南白茶以其独特的品质、优雅的外形和卓越的保健功效，逐渐成为茶叶市场上一颗璀璨的新星。在未来的发展中，海南白茶将继续秉承传统与创新相结合的理念，不断提升自身的竞争力和市场影响力，为消费者带来更多的健康与美味。海南白茶的出现，不仅是茶叶品种的一次革新，更是对中国茶文化的丰富与拓展，为茶文化的传承与发展注入了新的活力。

第三节　茶叶的种植与采摘技术

一、科学种植方法

海南茶农在茶叶种植方面表现出了极高的智慧和科学管理的能力，他们深知要在这一领域取得成功，单纯依靠传统经验是不够的。现代科技和科学种植方法的引入，为海南的茶叶生产注入了新的活力，也让这一片南海之滨的土地成为茶叶种植的沃土。茶农们意识到，不同的茶树品种在生长过程中有着各自独特的需求，这些需求包括阳光、水分、土壤肥力和空气流通等因素。因此，在种植过程中，茶农们并不盲目跟从传统的种植方式，而是根据每个品种的特性进行个性化的种植规划。

为了让茶树能够更好地生长，茶农们对种植密度和间距进行了精确的计算和规划。他们清楚，每一种茶树的生长特性决定了它们对空间和资源的需求。例如，某些品种的茶树可能需要更多的阳光和通风，因此种植时就需要确保这些茶树有足够的空间去吸收阳光和空气。而其他品种的茶树可能更适合在较为密集的环境中生长，因为这种环境有助于保持土壤中的湿度，防止水分过度蒸发。通过合理的规划，茶农们不仅能够让每一棵茶树都在最佳条件下生长，还能够最大限度地利用土地资源，提高茶园的整体产量。

茶叶的采摘也是一项需要精细管理的工作。茶农们会根据不同品种茶树的生长周期，选择最佳的采摘时间。一般来说，清晨或傍晚时分，茶叶中的茶多酚和氨基酸含量较高，是采摘的最佳时机。在采摘过程中，茶农们会精挑细选，确保每一片茶叶都处于最佳状态，以保证制成的茶叶品质优良。

通过科学的种植方法，海南的茶农不仅提高了茶叶的产量，还大大提升了茶叶的品质。这些经过精心管理的茶园，不仅生产出品质优良的茶叶，也成为海南农业的一道亮丽风景线。茶农们在传承传统的同时，积极吸收现代科技成果，为海南茶叶产业的发展注入了新的活力，也为消费者提供了更高品质的茶叶产品。这种科学的种植方法，不仅体现了茶农们对土地的热爱和对品质的追求，也展示了他们在农业领域的智慧和远见。

二、精细管理技术

茶树的生长过程是一个复杂而精细的生物学过程，茶农在其中扮演了至关重要的角色。为了确保茶树健康生长，并最终生产出高质量的茶叶，茶农们必须采取一系列精细管理技术。通过合理施肥、科学灌溉以及病虫害防治等措施，茶农们不仅保护了茶树的生长环境，也极大地提高了茶叶的品质和产量。

施肥是茶树生长管理中不可或缺的一环。茶树对营养元素的需求复杂多样，其中氮、磷、钾等元素尤为关键。茶农在施肥时，必须精确掌握每种元素的用量与比例，以确保茶树能够充分吸收必要的营养。施肥过量或不足都会导致茶树的生长异常，影响叶片的质量。茶农们通过土壤测试来确定土壤中各类营养元素的含量，从而制定出最适宜的施肥方案。不同生长阶段的茶树对营养需求有所不同，在茶树的萌芽期、生长初期、生长中期及采摘前后，茶农们会根据具体情况调整施肥策略，以保证茶树能够持续健康地生长。此外，茶农们还注重有机肥料与化学肥料的合理搭配使用，以平衡土壤中的微量元素，改善土壤结构，增加土壤肥力，使茶树在稳定的环境中生长，从而生产出风味更为丰富的茶叶。

科学灌溉是茶树精细管理中的另一重要技术。茶树对水分的需求同样具有阶段性和地域性差异，因此灌溉必须根据茶树的生长周期和当地的气候条件进行精细调整。在干旱季节，茶农们通过引入滴灌、喷灌等现代灌溉技术，以确保茶树能够获得足够的水分，不至于因水分不足而导致叶片枯黄、茶质下降。与此同时，茶农还要避免过度灌溉，因为过多的水分会导致茶树根部缺氧，抑制根系的正常呼吸，进而影响茶树的生长。茶农们通过观测土壤湿度和茶树的生长状态，来决定何时以及如何进行灌溉，以确保茶树在每个生长阶段都能获得适量的水分。此外，在一些特殊地形如山地茶园，合理的灌溉还需考虑水土保持问题，茶农们通过设置梯田和排水系统，避免水流对土壤的冲刷，保护茶树的根系不受侵害。科学灌溉不仅有助于维持茶树的生长，还能提高茶叶的产量和品质，使每一片茶叶都能展现出其应有的风味和香气。

病虫害防治也是茶树精细管理的核心环节之一。茶树在生长过程中容易受到各种病虫害的侵袭，如茶尺蠖、茶毛虫、茶炭疽病等。这些病虫害不仅会影响茶树的生长，还会直接导致茶叶的品质下降，甚至可能使整片茶园的收成化为乌有。为了有效防治病虫害，茶农们必须具备丰富的病虫害识别与防治经验。他们通过定期巡查茶园，及时发现茶树上出现的病害或虫害迹象，并迅速采取相应的防治措施。防治措施包括生物防治、物理防治和化学防治等多种手段。生物防治指的是利用天敌昆虫或微生物来控制害虫的数量，从而减少对茶树的损害；物理防治则是通过人为设置障碍物或利用光、温度等条件来抑制害虫的繁殖与扩散；化学防治即使用农药等化学物质来消灭病虫害，但茶农在使用农药时会格外谨慎，以避免对茶叶品质和环境造成负面影响。近年来，随着绿色农业的发展，越来越多的茶农开始采用无公害防治技术，通过合理的种植布局与生态管理手段，减少农药的使用，降低茶叶中的残留物质，以提高茶叶的安全性和市场竞争力。

通过施肥、灌溉与病虫害防治这三大精细管理技术的有机结合，茶农们能够创造出一个适宜茶树生长的优良环境。茶树在这样精心管理的环境中，得以充分吸收营养和水分，抵御外界的病虫害威胁，从而健康苗壮地成长。最终，茶农们所收获的茶叶不仅具有优异的外观和口感，还能带给品茶者浓郁的香气和细腻的味觉体验。这种精细管理技术不仅体现了茶农们对茶叶品质的不懈追求，也展现出他们在茶树栽培方面的智慧与经验。正是这些细致入微的管理措施，才使得一片片茶叶在杯中绽放出独特的风味，成为人们生活中不可或缺的一部分。

三、传统与现代采摘技术结合

在海南这片充满生机的土地上，茶叶的采摘工作不仅是农业生产中的一个环节，更是连接传统与现代、融合手工艺与科技智慧的文化象征。在这片热带岛屿上，茶叶的生长受到得天独厚的自然条件滋养，每一片叶子的采摘都凝结着自然的精华和人工的智慧。海南茶叶的采摘方式，无论是传统还是现代，都承载着深厚的历史底蕴和丰富的人文内涵，展现了人们对土地、对自然的敬畏与热爱。

在海南，茶叶的手工采摘方式有着悠久的历史传承。这种古老的方式不仅是一种技术，更是一种对茶叶的尊重与呵护。手工采摘需要采茶人具备丰富的经验和敏锐的触感，每一片茶叶的采摘都是一种艺术，讲究的是手法的轻巧与精准。茶农们将手指轻轻捏住茶叶的嫩芽，在稍加用力的同时，又避免损伤茶叶的纤维结构，确保每一片采下的叶子都完好无损。通过这样的手工操作，茶叶的质量得到了最大限度的保障。手工采摘不仅是为了保持茶叶的完整性，更是为了确保茶叶的品质，这样采摘下来的茶叶在后续的加工过程中能够保持其应有的香气和口感，使每一口茶都能散发出海南这片土地特有的自然韵味。然而，随着社会的发展与科技的进步，传统的手工采摘方式逐渐显现出其局限性。手工采摘虽然精细，却往往费时费力，尤其在茶叶采摘旺季，茶农们往往需要投入大量的时间和人力才能完成采摘工作。这种高强度的劳动不仅对茶农的体力提出了严峻的考验，也在一定程度上限制了茶叶生产的规模和效率。为了应对这些挑战，海南的茶农和茶叶企业开始尝试引入现代化的采摘设备，将传统与现代技术相结合，在保持茶叶品质的同时，提高采摘效率，减轻茶农的劳动负担。

现代化采摘设备的引入，标志着海南茶叶产业的一次重要变革。这些设备通常采用精密的机械臂和感应技术，能够迅速而准确地将茶叶从茶树上摘下。在设计上，这些设备尽可能模仿人工采摘的手法，以减少对茶叶的损伤，并尽量保持茶叶的原始形态和品质。此外，这些现代化设备还能够根据茶叶的生长状态自动调整采摘的力度和角度，确保采摘下来的茶叶都达到最佳的质量标准。现代化设备的使用不仅提高了采摘的速度，也大幅减少了对茶农体力的依赖，使得大规模的茶叶生产成为可能。

　　尽管现代化采摘设备在效率上具有明显的优势，但茶农们并未完全放弃传统的手工采摘方式。相反，在许多情况下，手工采摘和机械采摘是相辅相成、相互补充的。在一些高端茶叶的生产中，茶农们依然坚持采用手工采摘的方式，以确保每一片茶叶都能保持其最佳的品质和形态。而对于那些需要快速大批量生产的普通茶叶品种，机械采摘则成为更合理的选择。通过这种方式，茶农们能够在不同的生产需求下灵活调整采摘方式，以实现质量与效率的最佳平衡。

　　海南茶叶采摘方式的演变，体现了人们在面对自然与科技时所作出的智慧选择。传统的手工采摘承载了几代茶农的经验和心血，是一种对自然、对茶叶的深厚情感的表达。而现代化采摘设备的引入，则是人们对科技力量的充分利用和对高效生产的追求。两者的结合，不仅让海南茶叶产业焕发出新的生机，也为茶农们带来了更加轻松、高效的生产方式。在这一过程中，传统与现代并非对立的两极，而是相互融合、相互促进的两个方面。正是在这种融合中，海南茶叶的采摘方式不断发展，既保持了传统的优雅与精致，又融入了现代科技的力量与智慧，为海南茶叶产业的发展铺就了更加光明的未来。

　　通过传统与现代的完美结合，海南茶叶不仅在国内市场上占据了一席之地，也逐渐走向了国际市场，成为品质与效率兼具的茶叶代表。茶农们在这片土地上，用他们的智慧与劳动，不断创新与探索，推动着海南茶叶产业的持续发展，使这片土地上的茶香飘得更远、更久。

第四节　海南茶叶的市场与经济影响

一、市场需求增长

　　近年来，随着人们对健康生活方式的日益重视，海南茶叶的市场需求呈现出显著的增长趋势。这种增长不仅是消费者健康意识提升的结果，更是对海南茶叶品质的认可和风味偏好的自然反映。海南茶叶在中国茶叶市场中崭露头角，得到了越来越多消费者的青睐，其市场前景无疑是非常广阔的。

　　海南茶叶因其独特的地理环境和气候条件，造就了与其他地区茶叶截然不同的特质。海南岛四季如夏，阳光充足，雨量丰沛，这样得天独厚的自然条件，为茶叶的生长提供了理想的环境。海南茶叶品质优良，其茶叶中的氨基酸、茶多酚含量较高，具有浓郁的香气和回甘的口感，这使得它在国内外茶叶市场上逐渐赢得了良好的口碑。

随着生活水平的提高，消费者越来越注重健康饮食。茶作为一种传统的健康饮品，因其抗氧化、降脂等多种保健功效而备受消费者青睐。海南茶叶因其在这些方面的突出表现，更加受到关注。海南茶叶不仅是一种饮品，更代表了一种健康、自然的生活方式，这种生活方式的追求在当今社会已成为一种潮流。消费者对于海南茶叶的需求，不再仅仅停留在其解渴的基本功能上，而是更多地看重其在保健和养生方面的价值。

市场需求的增长也得益于海南茶叶品牌的不断推广和普及。近年来，随着海南省对茶叶产业的大力扶持，越来越多的茶叶企业开始注重品牌建设，提升茶叶的附加值。通过参加国内外茶叶展览、举办茶文化节等多种形式的活动，海南茶叶逐渐在市场上打响了知名度。这些推广活动不仅提高了海南茶叶的市场认知度，也进一步刺激了消费者的购买欲望，推动了市场需求的增长。

海南茶叶的市场需求增长还体现在国际市场的开拓上。随着共建"一带一路"倡议的推进，海南作为中国面向世界的重要门户，其茶叶产业也迎来了新的发展机遇。海南茶叶以其独特的风味和高品质逐渐受到国际消费者的关注，出口量逐年增加。在国际市场上，海南茶叶以其独特的口感和良好的品质，逐步赢得了国外消费者的认可，为海南茶叶产业带来了新的增长点。

海南茶叶市场需求的增长不仅是一个量的扩展，更是质的提升。消费者对海南茶叶的需求从原来的低端产品逐渐向高端产品转变，这种消费结构的升级反映了消费者对品质的追求，也为海南茶叶产业的发展提供了新的动力。高品质的茶叶产品更容易获得消费者的青睐，海南茶叶正是在这一市场趋势中脱颖而出，赢得了越来越多的忠实消费者。

海南茶叶市场需求的增长不仅为茶叶生产企业带来了丰厚的利润，也推动了当地经济的发展。茶叶产业作为海南省的重要产业之一，其发展不仅带动了茶农的收入增长，也促进了相关产业链的繁荣。随着市场需求的不断增长，海南茶叶产业链逐渐延伸，从茶叶种植到加工、包装，再到市场销售，形成了一个完整的产业链条。这种产业链的完善不仅提高了海南茶叶的市场竞争力，也为海南省的经济发展注入了新的活力。

海南茶叶市场需求的增长是多种因素共同作用的结果。从消费者健康意识的提升，到茶叶品质的提升，再到品牌推广和国际市场的开拓，每一个环节都为市场需求的增长贡献了力量。未来，随着更多消费者对海南茶叶的认可和喜爱，其市场需求将继续保持增长态势，海南茶叶产业也将迎来更加光明的发展前景。在这个过程中，海南茶叶不仅是一种健康饮品，更代表着一种健康、自然的生活方式，满足了消费者对美好生活的追求。

二、经济贡献显著

海南的茶叶产业无疑在当地的经济版图中占据着举足轻重的地位。这一产业不仅是海南农业经济的重要组成部分，更是许多农民赖以生存的经济支柱。海南得天独厚的气候条件和优质的自然环境，为茶叶的种植提供了理想的基础。在这种自然馈赠的加持下，茶叶种植不仅成为一项重要的农业活动，更成为推动地方经济发展的核心动力。

茶叶产业为当地农民提供了稳定的收入来源。海南的茶农们世代耕耘，在这片土地上辛勤劳作，将绿色的茶树转化为珍贵的经济作物。茶叶种植相较于其他农作物，周期长、收益高，且具有较强的抗风险能力。通过对茶树的精心栽培和管理，茶农们能够在市场上获得较为可观的经济回报。这种长期稳定的收入来源，不仅保障了茶农的基本生活需求，更使得他们有余力改善生活质量，进行更多的农业投入和创新，从而形成良性循环。

在茶叶生产、加工和销售的整个产业链中，各个环节之间的协同发展极大地促进了地方经济的繁荣。茶叶从种植到成品，需要经过多道工序，每一个环节都为当地创造了大量的就业机会。在茶叶的生产过程中，农民不仅是种植者，还参与到初步的茶叶加工中，这不仅提高了茶叶的附加值，也为他们带来了更多的收入来源。而在茶叶加工环节，随着技术的不断进步和加工厂的逐步建立，越来越多的农民和劳动者能够进入到这个领域，参与到茶叶深加工的流程中，进一步提高茶叶的质量和市场竞争力。

茶叶的销售同样是推动地方经济发展的重要力量。随着海南茶叶品牌逐渐在全国乃至国际市场上打响知名度，销售渠道不断拓宽，茶叶的市场价值也在不断提升。通过各种销售渠道，包括线上电商平台和线下实体店，海南的茶叶逐渐走向更广阔的市场。茶叶的市场化运作，不仅提升了地方经济的整体活力，也吸引了更多的投资和资源涌入海南，进一步推动了茶叶产业的现代化和规模化发展。

海南茶叶产业的繁荣，还带动了相关产业的发展。茶叶作为一种特色农产品，其衍生出的旅游产业也开始蓬勃发展。茶园观光、茶文化体验等活动吸引了大量游客，这不仅促进了当地旅游业的发展，也增加了农民的收入来源。茶叶与旅游业的结合，为海南经济注入了新的活力，形成了多元化的经济结构。通过茶叶产业，海南成功地将农业与旅游业紧密结合，创造了更多的经济机会，也进一步巩固了茶叶在地方经济中的重要地位。

在海南，茶叶产业不仅是经济增长的重要引擎，更是社会稳定和民生福祉的重要保障。茶叶种植和加工为广大农村地区提供了大量的就业机会，使得更多的农民能够就地转移就业，减少了外出务工的压力。同时，茶叶产业的收入也使得农民有能力进行教育和健康投资，改善了他们的生活条件和社会地位。通过茶叶产业的发展，海南农村地区的经济结构逐渐优化，农民的生活质量显著提高。

茶叶产业对地方经济的贡献是多方面的，不仅表现在直接的经济收益上，更体现在对地方社会的深远影响。茶叶产业的发展不仅丰富了海南的农业经济，也推动了当地的进步与繁荣。海南的茶叶产业，正以其独特的方式，为这片土地注入源源不断的生机与活力。随着产业的不断壮大，海南的茶叶不仅在国内外市场上赢得了口碑，也为当地的农民和经济发展带来了实实在在的收益，真正实现了经济与社会的双赢局面。在未来，随着茶叶产业的进一步发展，海南的经济将会迎来更加美好的前景，茶叶也将继续为这片土地贡献出更多的经济与社会价值。

三、品牌建设与国际化

海南茶叶企业在品牌建设与国际化的道路上迈出了坚实的步伐，展现出卓越的战略眼光和深厚的文化底蕴。海南地处热带，得天独厚的地理环境赋予了茶叶独特的风味与品质，使其在国内外市场上具有极大的竞争力。然而，仅凭自然条件并不足以使海南茶叶脱颖而出，企业深知品牌建设对于市场拓展与国际化的重要性。为此，他们付出了大量的努力，在提升茶叶品质的同时，也积极推广品牌，逐步树立起了令人瞩目的品牌形象。

在品质提升方面，海南茶叶企业采取了一系列严格的措施。首先，不断优化茶叶的种植与加工技术，确保每一片茶叶都能展现出最纯正的海南风味。其次，通过引进现代化的生产设备与技术，企业大大提高了生产效率与产品质量，保证了茶叶的纯度与口感。同时，企业还与当地的科研机构合作，进行深入的研究与开发，致力于改良茶叶品种，提升茶叶的抗病虫害能力与营养价值。这些举措不仅使海南茶叶在国内市场上赢得了口碑，也为其进军国际市场奠定了坚实的基础。

品牌推广是海南茶叶企业的另一重要战略。在这个信息化时代，品牌的力量无疑是巨大的，它不仅能提升产品的市场知名度，还能增强消费者的购买信心。为此，海南茶叶企业积极参与国内外的茶叶展会与博览会，通过多种渠道向全球消费者展示海南茶叶的独特魅力。此外，企业还通过媒体宣传、网络推广等多种方式，扩大品牌的影响力。例如，他们利用社交媒体平台，定期发布有关茶叶的知识与文化，吸引了大量年轻消费者的关注。同时，企业还通过与各大电商平台的合作，进一步拓展了品牌的线上销售渠道，使更多的消费者能够方便地购买到优质的海南茶叶。

在国际化方面，海南茶叶企业逐步走向了更广阔的国际市场。随着中国与全球各国贸易往来的日益频繁，海南茶叶也随之进入了更多的国家和地区。企业通过积极拓展海外市场，不断增加茶叶的出口量，逐步在国际市场上占据了一席之地。这一过程中，企业不仅关注产品的出口量，更注重提升产品的国际竞争力。为此，他们针对不同国家和地区的市场需求，进行了深入的市场调研，了解当地消费者的口味与偏好，推出了符合当地市场需求的产品。此外，还与国际知名的茶叶品牌建立了合作关系，通过品牌联名与跨境合作等方式，进一步提升了海南茶叶在国际市场上的影响力。

品牌建设与国际化不仅为海南茶叶企业带来了丰厚的经济效益，也为海南的经济发展注入了新的活力。随着茶叶出口量的逐年增加，海南的茶叶产业逐渐成为推动当地经济增长的重要力量。通过品牌建设，海南茶叶不仅在国内市场上赢得了良好的口碑，也在国际市场上树立了良好的形象。国际化的发展使得海南茶叶走出了国门，进入了全球消费者的视野，为海南的经济国际化发展作出了重要贡献。

海南茶叶企业在品牌建设与国际化进程中展现出了卓越的战略眼光与执行力。通过不断提升茶叶品质，积极推广品牌，海南茶叶企业逐步在国内外市场上树立了良好的品牌形象。同时，企业通过积极拓展国际市场，不断增加茶叶出口量，为海南经济的国际化发展贡献了力量。未来，随着全球市场的进一步扩大，海南茶叶企业必将在国际化的道路上取得更加辉煌的成就。

第五章 海南传统饮茶习俗——老爸茶

本章深入探讨了海南传统饮茶习俗——老爸茶，展示了其深厚的文化背景和独特的地方特色。通过对老爸茶的起源与发展、制作过程与风味特点的详细介绍，读者可以了解这种传统茶艺在海南社会中的重要地位。另外，还探讨了老爸茶在当代海南的地位及其演变，展现了这种传统习俗在现代生活中的新形态和持续影响。

第一节 老爸茶的文化背景

一、独特的茶文化

老爸茶，这种源自海南的茶文化，是一幅充满生活气息的画卷，一种绵延百年的习俗，一种在时间中沉淀出的独特生活方式。老爸茶并不仅是一杯茶饮，它早已超越了饮品的范畴，成为海南人民日常生活的一部分，也是一种社会文化现象的象征。

走进海南的街巷，映入眼帘的往往是那些充满古朴韵味的茶馆，门口挂着"老爸茶"字样的牌匾，简朴的桌椅、穿梭的服务员和坐在角落里惬意喝茶的人们，这一切构成了一幅温馨且充满生活情调的画面。茶馆里的氛围悠闲自在，时光仿佛在这里变得缓慢，茶香四溢，氤氲在空气中，令人心生宁静。

老爸茶的历史可以追溯到 20 世纪初，当时海南的社会氛围较为保守，人们的娱乐生活相对单调，茶馆应运而生，成为人们社交、放松的主要场所。与其他地方的茶文化不同，老爸茶在海南形成了独特的风格。它没有北方茶馆的豪华与讲究，也没有江南茶文化的精致与典雅，而是展现出一种朴实无华的气质，一种接地气的生活态度。老爸茶馆里的茶，并不是什么名贵品种，通常是海南本地产的粗茶，简单而质朴。然而，就是这种平凡的茶，蕴含了无数海南人民的情感，成为他们生活中的一种习惯，一种寄托。

在老爸茶馆里，来来往往的顾客，或许是邻居，或许是老友，甚至可能是素未谋面的人，但在这里，他们都可以敞开心扉，畅谈人生百态。茶馆成了一个没有界限的社交平台，话题从家庭琐事到社会热点，从历史文化到未来理想，无所不谈。每一杯茶里，都浸透着人情味，仿佛是一种润滑剂，使人与人之间的距离变得更加亲近。老爸茶馆里的氛围是随意的，不拘一格的，你可以随意点上一杯茶，坐在角落里静静地听着别人的谈话，或是主动加入讨论，在这里人人平等，无论是老人还是年轻人，无论是本地人还是外地游客，大家都可以在这里找到属于自己的位置。

老爸茶文化不仅是一种社交的方式，更是一种生活态度的体现。它强调的是一种从容淡定的生活节奏，一种不紧不慢的生活方式。在海南这个四季如夏的地方，人们的生活总是显得那样的悠闲自得，不紧不慢，恰如老爸茶般，简单却不乏味，平凡中透着温暖。茶馆里的老人们，常常一坐就是一整天，他们可以不谈论任何话题，只是静静地品着茶，看着街上的行人来来往往，这样的生活方式，或许在快节奏的大都市里显得不可思议，但在海南，却是一种常态。

老爸茶的魅力还在于它的包容性，无论是哪个阶层的人，无论你身处何种生活环境，在老爸茶馆里，你总能找到属于你的那一杯茶。有人说，老爸茶是一种乡愁，是海南人对故土的情感依恋。无论走得多远，心中总有一片地方属于那杯简单的茶，那片茶香里藏着的是童年的回忆，是亲人的温情，是故乡的呼唤。

随着时代的变迁，老爸茶文化也在不断地发展与演变。尽管现代化的生活节奏加快，年轻人更多地涌向咖啡馆、西餐厅，但老爸茶馆依然保持着它的魅力和吸引力，成为海南人民生活中不可或缺的一部分。如今，越来越多的年轻人也开始回归老爸茶文化，在茶馆里寻找那份久违的宁静，感受传统文化的厚重与温情。

老爸茶不仅是海南的一种茶文化，它已经成为这个地方的精神象征，是海南人民心中的一份情感寄托。在茶香缭绕中，时间仿佛停滞，世事的喧嚣被抛在脑后，剩下的只是那一杯淡淡的茶香和茶馆里永恒不变的人情味。老爸茶文化是海南人民智慧与生活的结晶，是他们对于生活的独特理解与表达。

二、海口独特风景

海口，这座位于中国南端的城市，以其独特的文化传统和历史底蕴吸引着无数游客。而在这座城市的老城区中，有一种独特的风景，不是建筑和自然景观，而是隐藏在大街小巷中的一种文化现象，那便是老爸茶馆。这些茶馆不仅是当地人日常生活的一部分，更是海口文化的一个缩影，展现着这座城市独特的生活方式与人文情怀。

在海口的老城区，茶馆遍布其中，像是城市的毛细血管，将整座城市的活力和生机灌注到每一个角落。这些茶馆大多藏身于狭窄的巷弄中，或者是老街的一角。虽然它们的外表看起来并不起眼，但却是当地人心中的重要社交场所。这里的茶馆有一个特别的名字——老爸茶馆。这个名称充满了亲切感和地方特色，也正是这种命名方式，让人们一听就会联想到家常、温馨以及浓厚的生活气息。

在老爸茶馆中，最常见的饮品是普通的绿茶、红茶末，或者是自制的菊花茶和茉莉花茶。这些茶并不昂贵，甚至可以说是非常平价，但正是这种平易近人的特点，使得老爸茶馆成为每个市民都能轻松走入的地方。没有豪华的装潢，也没有繁复的礼仪，这里的一切都显得那么自然、亲切。茶馆的桌椅大多是木制的，经过岁月的洗礼，有些斑驳，但却更增添了几分历史感和乡土气息。

老爸茶馆的顾客也同样具有独特的魅力。无论是老年人，还是年轻人，大家都会在闲暇时光来到这里，坐在一起，喝上一杯热茶，享受片刻的宁静。这种喝茶的习惯，早已融入了海口人的血液中，成为一种不可或缺的生活方式。每当清晨或傍晚时分，茶馆里总是人头攒动，茶客三五成群，围坐在一起，边喝茶边聊着天南海北的话题。茶馆成了大家放松心情、交流感情的一个重要场所。

除了茶饮，老爸茶馆里还提供各种地方小吃，这些小吃丰富了茶客的饮茶体验。无论是海南粉、清补凉，还是各种本地的特色糕点，都是茶馆中常见的搭配。这些小吃大多都是手工制作，味道独特，充满了地方特色。茶客一边喝茶，一边享用美味的小吃，不仅满足了口腹之欲，更是一种心灵上的享受。茶和小吃的结合，使得老爸茶馆成为一道独特的风景线，每一个来到这里的人，都会感受到一种浓郁的地方文化和生活气息。

在老爸茶馆中，没有人会感到拘束，大家都以一种放松的姿态面对彼此，这里没有陌生人，只有朋友。即使是第一次来的人，也能很快融入这种温暖的氛围中。茶客经常会主动邀请新来的客人加入他们的谈话，无论你是谁，从哪里来，在这里都能找到一份属于自己的宁静与自在。

老爸茶馆的存在，不仅是一种商业行为，更像是一种文化的延续和传承。在这些茶馆中，海口的历史和传统得以保存和延续。老爸茶馆是海口文化的重要组成部分，它承载着一代又一代人的记忆与情感。每一间老爸茶馆，都是一个小小的社会缩影，反映了这座城市的文化特色和居民的生活方式。

海口的老爸茶馆，不仅是一个喝茶的地方，更是这座城市的灵魂所在。在这里，茶不只是一种饮品，更是一种文化符号，代表着海口人对生活的热爱与追求。老爸茶馆，是海口独特的风景，是这座城市最真实、最贴近生活的地方，也是人们最愿意停留、最容易找到内心平静的地方。在海口，这样的茶馆随处可见，而它们所展现的，不仅是城市的一角风景，更是这座城市独特的生活哲学与人文情怀。

三、丰富的小吃文化

老爸茶馆是一个汇聚各种美味小吃的宝库，每一道小吃都承载着深厚的历史与文化底蕴。在这里，小吃不仅是茶客简单的食物选择，更是他们茶余饭后的心灵慰藉和味蕾上的极致享受。茶馆中的小吃种类繁多，从甜到咸，从热到凉，无不彰显出这个文化空间的多样性与包容性。

番薯汤是茶馆中颇受欢迎的甜品之一。这道甜汤以软糯的番薯为主料，辅以红糖或冰糖熬煮，味道甘甜醇厚，令人一尝便难以忘怀。番薯的软糯与糖水的清甜交织在一起，形成了丰富的口感层次，让人忍不住一勺接一勺。这道小吃不仅是美味的代表，更是承载着人们对童年记忆的怀念。它的朴实无华反映出茶馆文化的根本精神——以简单的食材，烹饪出最质朴的味道，温暖每一位茶客的心。

绿豆浆则是另一道经典的甜品，它以绿豆为主要原料，经过细致的研磨和熬煮，呈现出浓稠的质感和淡淡的清香。绿豆浆可以做成温热的，也可以做成冰凉的，无论何种形式，都能给茶客带来独特的口感体验。这道小吃不仅能够清热解暑，还具备丰富的营养价值，尤其适合炎热的夏季品尝。绿豆的天然清香与豆浆的丝滑顺口相得益彰，在炎炎夏日里，一碗绿豆浆往往能让人感到无比清爽。

清补凉是一种独具特色的小吃，结合了多种食材和药材，既美味又养生。茶馆里的清补凉选料精良，包括椰奶、红豆、绿豆、银耳、薏米等丰富的食材，经过长时间的熬煮，形成了一道清凉可口的甜品。这道小吃在茶馆中拥有广泛的爱好者，特别是在炎热的天气里，来一碗清补凉，不仅能解暑降温，还能滋补身体。每一口下去，都能感受到多种食材带来的丰富层次，从椰奶的香甜到红豆的绵密，再到薏米的清香，各种味道交织在口腔中迸发，带来无与伦比的享受。

鹌鹑蛋煮白木耳是一道兼具口感与营养的小吃。鹌鹑蛋的细腻嫩滑与白木耳的脆爽清香相得益彰，构成了这道别具一格的小吃。这道小吃看似简单，但在烹制过程中却需要极高的火候控制，才能保证鹌鹑蛋的嫩滑和白木耳的清脆。茶馆中的师傅们在这方面颇有经验，他们知道如何将这两种食材的最佳口感完美呈现出来。这道小吃不仅味道鲜美，而且具有滋阴润肺的功效，每一口下去，都能感受到食材间的相互映衬与平衡，深受茶客的喜爱。

木薯煎米果则是一道将木薯与米结合在一起的创新小吃。木薯本身质地细腻，口感绵密，经过煎制后，更是外脆内软，散发出迷人的香气。米果则增加了这道小吃的层次感，使得每一口都充满了惊喜与满足感。这道小吃不仅是茶客的美味之选，更是茶馆文化的一部分，代表了茶馆在保留传统的同时，也勇于创新，不断推出新的美食体验。

在老爸茶馆，小吃不仅是一道美味的食物，更是茶客生活中的一部分。茶客在品尝这些小吃的同时，也是在品味生活的点滴。小吃与茶水相得益彰，构成了茶馆独特的文化氛围。在这里，茶客可以一边品茗，一边品味各式各样的美食，享受那一份独特的宁静与美好。这些小吃不仅满足了茶客的味蕾，更是通过它们的独特口感与文化内涵，拉近了人与人之间的距离，形成了一种独特的茶馆文化体验。无论是番薯汤的甘甜，绿豆浆的清凉，还是清补凉的养生，鹌鹑蛋煮白木耳的细腻，木薯煎米果的创新，每一道小吃都以其独特的方式，成为茶馆中不可或缺的一部分，深深地印在茶客的记忆里。

第二节 老爸茶的起源与发展

一、老城区的小街巷

在中国南方的一些老城区里，尤其是广东和福建一带，老爸茶馆承载着一种独特的文化韵味。这些茶馆往往坐落在古老的街巷中，虽然它们的外观并不起眼，却蕴含着浓厚的人情味和深远的历史积淀。老爸茶馆的装修非常简朴，多数是临街一间铺面，没有华丽的装饰，也不追求高雅的环境，只在实用性上下功夫。茶馆内通常摆放着十几张桌凳，虽然简单，但是干净整洁，每一张桌子上都会有几只常年不换的茶壶和茶杯，等候着熟悉的老茶客。

在这些小街巷中，老爸茶馆几乎成了一个生活的节点。街巷之间的距离不远，许多住在附近的中老年人每天都会在茶馆里度过一段时光。这里的顾客几乎都是常客，大家彼此之间非常熟悉，有的甚至几代人都在同一家茶馆里喝茶聊天，茶馆成了他们日常生活的一部分。他们在这里畅谈家长里短，分享生活中的喜怒哀乐，时间久了，茶馆里的茶香和笑声仿佛与这片老城区融为一体，成为彼此不可或缺的一部分。

老爸茶的历史可以追溯到很久以前，最初的老爸茶馆也许并不叫这个名字，但它们的功能和现在的老爸茶馆非常相似。在那时，这些茶馆主要是为附近的居民提供一个喝茶和休息的场所。随着时间的推移，茶馆逐渐成为社区的社交中心。无论是清晨的第一壶茶，还是傍晚的最后一杯，老茶客都会准时到来。他们在这里不仅是为了喝茶，更是为了交流思想，分享日常生活中的点滴。在这些老城区的小街巷里，老爸茶馆见证了岁月的变迁，记录了无数平凡却真实的生活故事。

老爸茶馆的茶客构成也很有趣，多数是中老年人，他们经历过生活的起伏，性格和心态都趋于平和，对生活有着独特的理解。他们习惯了这种悠闲的生活节奏，不再追求物质上的奢华，而是更注重精神上的满足。在老爸茶馆里，他们可以放下生活中的压力和烦恼，享受片刻的宁静和舒适。这种生活方式不仅反映了他们的生活态度，也体现了他们对生活的深刻理解和热爱。

尽管老爸茶馆的外观和内部装饰都显得朴素，但它们却拥有一种独特的吸引力。这种吸引力源自茶馆本身所承载的文化内涵和人情味。每一间老爸茶馆都有自己独特的风格和气氛，有一种家一般的温馨感。茶客坐在茶馆里，不需要刻意去迎合谁，也不需要掩饰自己的情绪，茶馆成了他们心灵的避风港。

随着时代的发展，老城区的面貌发生了很大变化，许多老建筑被拆除或改造，新型的商业模式和现代化的建筑逐渐取代了传统的街巷和铺面。然而，老爸茶馆依然顽强地生存了下来。虽然现代化的城市建设和快节奏的生活方式给这些老茶馆带来了不小的冲击，但它们依然在老城区的一隅保持着自己的独特性。在这个浮躁的时代，老爸茶馆为人们提供了一个慢下来的空间，让他们得以在忙碌的生活中找到一片宁静的角落。

老爸茶馆不仅是一个简单的喝茶场所，它更是一个文化符号，承载着几代人的记忆和情感。在这里，茶不仅是解渴的饮品，更是一种情感的寄托和精神的慰藉。老茶客在这里谈天说地，畅所欲言，把生活的点滴和感悟化作茶香，融入每一壶茶中。这种特有的文化氛围和人情味使得老爸茶馆在现代化的洪流中依然屹立不倒，成为老城区中不可或缺的一部分。

老爸茶的文化并未因时代的变迁而褪色，反而在现代生活中显得愈发珍贵。在快节奏的都市生活中，老爸茶馆就像是一片宁静的绿洲，吸引着那些渴望放松和交流的人们。在这里，无论你是新茶客还是老茶客，都会感受到一份别样的温情和宁静。在这个浮躁而忙碌的时代，老爸茶馆不仅为人们提供了一种独特的生活方式，也为这座老城区增添了一抹难得的历史和人文色彩。

二、服务与氛围

老爸茶的起源与发展可以追溯到中国南方的福建、广东一带，那里的茶文化自古以来便根深蒂固，茶馆成为人们社交生活的重要场所。随着时间的推移，这一传统文化逐渐在海南扎根并形成了独特的地方特色。老爸茶顾名思义，起初是中老年男人消遣时间的好去处，他们可以在茶馆里一边品茶，一边聊家常，谈天说地，甚至谈论政治、经济等话题。由于这种文化的包容性和开放性，老爸茶逐渐吸引了越来越多的不同年龄层次和社会背景的人群参与其中，从而形成了独具特色的茶馆文化。

海南的老爸茶文化之所以能够蓬勃发展，与当地的社会经济和文化背景密不可分。海南地处热带，气候炎热潮湿，人们在繁忙的工作之余，往往希望能够找到一个舒适的场所来避暑降温、放松身心。茶馆因此成为一个理想的选择，这里不仅提供解渴的茶水，还为人们提供了一个可以聚会、交流和放松的空间。

在老爸茶馆中，服务员们忙碌而热情，他们对每一位茶客都给予同样的关注和服务，无论茶客点的是价格低廉的普通茶，还是稍贵一些的特选茶叶，服务员们始终保持着热情和专业的态度。茶馆的服务不仅是提供茶水，更是一种文化的传承和体验的分享。服务员们通常都是本地人，他们熟悉茶馆的每一个角落，也熟悉每一位常客的喜好和习惯。因此，当茶客步入茶馆时，他们能够感受到一种亲切感，仿佛回到了自己熟悉的社区或家中。

茶馆内的氛围往往是轻松而热闹的，这里的喧嚣并不让人感到压抑，反而令人觉得温馨和自在。茶客三五成群，有的围坐在一起打牌，有的则独自一人静静品茶，更多的人则喜欢随意交谈，分享彼此的生活琐事和见闻。茶馆中充满了浓郁的茶香，似乎在诉说着这里独特的文化和历史。即便是初次到访的外地人，也能很快融入这种氛围中。

茶客在茶馆中可以待上一整天，从早上到傍晚，无论是清晨的第一缕阳光，还是黄昏时分的夕阳余晖，茶馆始终都是那样的热闹非凡。每个人都可以在这里找到自己的位置，不受打扰地享受属于自己的时光。无论是悠闲自在的老人，还是忙碌的年轻人，茶馆都为他们提供了一个避风港。在这里，没有时间的限制，也没有身份的隔阂，只有茶水和人情的交融。

老爸茶不仅是一种饮品，更是一种生活方式和社会文化的象征。它承载着海南人对于生活的热爱和对社交的需求。在快节奏的现代生活中，老爸茶馆仿佛是一个时光的停驻点，让人们能够短暂地逃离喧嚣的世界，回归到最简单、最纯粹的生活状态中。老爸茶文化在海南的流行，也体现了当地人对传统文化的珍视和对社区生活的依赖。在这个日益全球化的时代，老爸茶依然保留着其独特的魅力，吸引着一批又一批的人前来体验和享受。

随着时间的推移，老爸茶馆在保持传统的同时也逐渐融入了现代元素。许多茶馆开始引入现代化的设施，比如空调、无线网络等，以吸引更多的年轻群体。尽管如此，这些变化并没有改变老爸茶馆的核心——一个供人们放松、交流和享受生活的场所。在这里，无论世界如何变化，茶客始终可以找到一份属于自己的宁静与快乐。

三、社会功能

老爸茶文化起源于海南的一个特殊时期，那时的海南还是一个相对偏远的岛屿，交通不便，经济发展缓慢。茶馆作为一个公共空间，自然而然地成为人们聚集的场所。在这个空间里，来自各行各业的人们可以围坐在一起，喝茶聊天，互通信息。老爸茶馆的名字也颇具趣味，其中的"老爸"一词并非仅指年长的男性，而是对所有茶客的一种亲切称呼，体现了海南人之间的平等与亲密关系。

老爸茶馆的兴起与海南社会的发展密切相关。随着海南的城市化进程加快，老爸茶馆的数量也逐渐增多。茶馆从最初的简陋场所，发展成为今天装修考究、环境优雅的空间。然而，不变的是茶馆的核心功能：始终是人们社交的一个重要场所。无论是过去还是现在，茶客来到老爸茶馆，最主要的目的并不是为了喝茶，而是为了交流。在这里，人们可以讨论从家长里短到国家大事的各种话题。茶馆成为一个信息交流的中心，也成为人们表达意见、传递观点的平台。

老爸茶馆的社会功能不仅体现在信息的交流上，还体现在其独特的社会调节作用。在这个空间里，人们可以自由表达自己的情感与困惑，而茶馆中的氛围往往能够起到舒缓情绪的作用。无论是生活中的不如意，还是工作中的压力，茶客都可以在这里找到倾诉的对象。茶馆的这种社会功能，使得它成为许多人生活中的"避风港"，在这里，大家可以暂时逃离外界的喧嚣与压力，找到内心的平静与慰藉。

老爸茶馆还是一个社区的重要组成部分。在海南的许多地方，茶馆不仅是一个饮茶的地方，更是社区活动的中心。这里可能是邻里之间交换信息的场所，也可能是讨论与解决社区问题的平台。在某种程度上，茶馆承担了社区"议事厅"的角色。人们在这里讨论社区的各种事务，从环境卫生到治安管理，茶馆成为社区自治的重要平台。通过这种方式，茶馆既增强了社区的凝聚力，也促进了社区成员之间的交流与合作。

除了信息交流与社会调节，老爸茶馆还承载着丰富的文化内涵。在茶馆中，不同年龄、不同背景的人们通过相互交流，形成了独特的文化氛围。这种文化不仅体现在语言的使用上，还体现在茶艺的传承与创新中。老爸茶馆的茶艺并不追求奢华与精致，而是讲究一种自然与随意，这种风格与海南人的性格特质紧密相关。通过茶馆，老爸茶文化得以传承，并在不断适应现代生活的过程中，保持着自己的独特魅力。

老爸茶馆不仅是一个饮茶的地方，它更是海南社会文化的重要载体。通过这一间小小的茶馆，我们可以看到一个社会的缩影，感受到人们生活的温度与厚度。无论是作为信息的集散地，还是情感的交流场所，抑或文化的承载体，老爸茶馆都在海南人的日常生活中扮演着不可替代的角色。在现代社会日益快节奏的背景下，老爸茶馆依然保持着它的独特性，为人们提供了一个慢下来的空间，一个可以静心思考、倾听与交流的场所。它不仅是海南文化的一部分，也是人们心灵的港湾，在这个不断变化的社会中，老爸茶馆以其特有的方式，见证并参与着社会的发展与变迁。

第三节　老爸茶的制作过程与风味特点

一、茶的选择与制作

在老爸茶馆中，茶的选择与制作至关重要。茶馆常见的茶叶种类包括绿茶、红茶末，或是自制的菊花茶、茉莉花茶等，这些茶叶在市场上并不稀有，价格也相对平民。然而，这些看似普通的茶叶，经过茶艺师傅们的细致冲泡，依然能够为茶客带来美妙的味觉享受。冲泡老爸茶讲究的是火候、茶叶的用量以及水温的掌握，过热的水温会破坏茶叶的香气，而过冷则无法激发茶叶的滋味。为了追求最佳的口感，茶艺师傅们常常会精确计算每个步骤的时间，确保茶叶在冲泡的过程中能够达到最好的状态。

绿茶是老爸茶馆中较为常见的一种茶。绿茶由于其未经发酵的特点，保留了更多茶叶的原始风味，茶香清新，汤色翠绿。它的制作工艺相对简单，但在冲泡时却需要特别注意水温和时间的控制。一般来说，绿茶的冲泡水温应控制在80℃左右，冲泡时间不宜过长，否则容易导致茶汤苦涩。茶艺师傅们通常会使用稍微冷却后的开水，轻轻冲泡，确保茶叶在水中舒展。这样泡出的茶汤，色泽明亮，入口清爽，带有一丝甘甜，回味悠长。

红茶末则是另一种常见的选择，尤其受到老年茶客的喜爱。红茶末是指红茶加工过程中产生的细碎茶叶，由于其比整叶茶更容易出味，所以在冲泡时无需等待太久。红茶末泡出的茶汤色泽红润，香气浓郁，味道醇厚，尤其适合搭配点心或作为午后的一杯提神饮品。茶艺师傅们通常会根据顾客的口味调整红茶末的用量，力求在茶香与茶味之间达到一种平衡。

自制的菊花茶和茉莉花茶也是老爸茶馆中的经典饮品。菊花茶以其清热解毒的功效而受到欢迎，特别是在炎热的天气里，一杯清凉的菊花茶能够迅速带走夏日的燥热。茶馆通常会选用干燥的黄菊花，加入少许冰糖，用开水冲泡后，茶汤金黄，花香扑鼻，入口清爽，带有一丝甘甜。茉莉花茶则是另一种花茶，茶馆通常会将茉莉花与绿茶或红茶末混合冲泡，花香与茶香相互交织，形成独特的香气层次，令人回味无穷。茉莉花茶的冲泡同样有讲究，茶艺师傅们通常会对茶叶和茉莉花的比例进行调整，以确保两者和谐共存。

老爸茶馆中的每一杯茶，都承载着制茶者的心血与智慧。尽管这些茶叶看似普通，然而在茶艺师傅们的巧手之下，经过精心的冲泡，每一杯茶都被赋予了新的生命。这种对细节的追求，对茶叶和水温的精确把控，使得每一杯茶都能在茶客口中展现出其最为鲜活的风味。

二、茶与小吃的搭配

老爸茶的文化随着时代的发展而不断演变，但始终保持着其核心的本质，那就是对闲适与人际交往的追求。茶馆的环境通常简朴而温馨，茶客在这里谈天说地，无论是讨论家长里短，还是探讨生意经，老爸茶馆都成为他们的心灵港湾。茶馆的主人通常会精心挑选茶叶，以确保茶水的品质，因为在老爸茶文化中，茶水的好坏直接关系到茶客的体验。除了茶水的选择，茶馆还会根据季节和茶客的需求提供不同的小吃，以丰富茶客的饮茶体验。

茶与小吃的搭配是老爸茶文化中的一大特色。这些小吃种类繁多，从甜品到咸味小吃，从汤类到糕点，应有尽有。这些丰富的小吃不仅为茶客提供了多样化的味觉享受，也赋予了老爸茶文化独特的饮食魅力。每当茶客落座，服务员会端上一壶热茶，茶客在轻呷一口清茶之后，往往会点上一些小吃与之搭配。无论是香甜软糯的糯米糍，还是咸香酥脆的春卷，抑或清淡爽口的鱼片汤，每一道小吃都与茶水相得益彰，形成了一种独特的饮食体验。

在老爸茶文化中，茶与小吃的搭配不仅是为了满足味觉的需求，更是为了延续茶馆中那份悠闲与自在的氛围。茶客在品味茶水的同时，搭配上一两份精致的小吃，不仅能够消除茶水带来的苦涩感，还能让人感受到来自食物的温暖与满足。这种搭配讲究的是一种平衡、一份柔和。在寒冷的冬日，茶客或许更喜欢点上一碗热乎乎的汤类小吃，比如一碗香浓的椰奶炖蛋，这种汤类不仅能暖胃，还能让人倍感温暖。而在炎热的夏日，一份清凉的甜品，如椰汁芋头糕，便成了茶客的最爱，这种凉爽的小吃在口中融化，与热茶交织在一起，形成了独特的冷热对比，使人神清气爽。

老爸茶的小吃之所以能如此广受欢迎，与海南丰富的物产密不可分。海南盛产椰子、芋头、海鲜等食材，这些食材都被巧妙地运用于茶馆的小吃中，使得老爸茶的小吃不仅具有丰富的口感，还带有浓郁的地方特色。海南人善于将这些食材进行创意加工，制作出各种风味独特的小吃，如椰汁糯米糕、芋泥糕点、炸鱼片等，每一道小吃都展现了海南人民对美食的热爱。

老爸茶的茶客在享用这些小吃的同时，也在无形中传承着海南的地方饮食文化。对于老一辈的茶客来说，这些小吃承载了他们童年的回忆，而对于年轻人来说，这些小吃则是一种对家乡味道的再发现。无论如何，茶与小吃的搭配都成为老爸茶文化中不可或缺的一部分，它不仅丰富了茶客的味觉体验，也为茶文化注入了新的活力与生机。

老爸茶的文化是海南地区独特的茶文化现象，它将茶水与小吃巧妙地结合在一起，形成了一种独特的饮食文化体验。这种文化不仅是茶客享受美食的方式，更是他们进行社交、放松心情的重要途径。在这个快节奏的社会中，老爸茶文化为人们提供了一种难得的慢生活体验，使得茶客能够在繁忙的生活中找到一片属于自己的宁静天地。随着时间的推移，老爸茶文化也在不断地发展与变化，但那份对闲适与自在的追求，始终是这份文化的核心与灵魂所在。

第四节　老爸茶面临的挑战与机遇

老爸茶馆作为一种社区文化空间，曾经是海南人日常生活的重要组成部分。人们在茶馆中不仅是享受一杯茶的宁静，更是在茶香弥漫的氛围中进行社会交流，讨论时事，分享生活的点滴。在那个信息交流还未像今天这样发达的时代，茶馆几乎成了民众获取信息、维系社交网络的重要场所。茶馆的魅力不仅在于它提供的茶水与点心，更在于那种可以让人放松身心的社交环境。

老爸茶作为海南独具特色的文化符号，不仅是老一辈海南人生活中的一部分，也是外地游客了解海南的一种途径。然而，随着社会的发展，这种传统的社交形式正面临着前所未有的挑战与机遇。如今，老爸茶馆的地位经历了显著的变化，从曾经仅限于本地居民的日常聚集地，逐渐转型为一种文化符号，并在旅游业的推动下，成为海南文化的重要代表之一。

现代化带来的第一个挑战便是生活节奏的加快。与过去相比，如今的海南人在生活和工作中面临着更大的压力和时间紧迫感。这种变化直接影响了人们的社交方式和习惯。越来越多的人倾向于通过快速便捷的方式获取信息和进行社交，比如通过社交媒体、即时通信工具等，这些现代化的交流方式逐渐取代了传统茶馆的功能。与此同时，城市化进程的加快也改变了老爸茶馆原本的社区功能。在高楼林立的现代城市中，曾经以街坊邻里为单位的社区关系逐渐被陌生人社会所取代，茶馆原本作为社区纽带的作用也随之弱化。

然而，现代化并非仅仅带来了挑战，它同样为老爸茶文化的传承与发展提供了新的机遇。随着海南旅游业的蓬勃发展，老爸茶馆逐渐被赋予了新的文化意义。对于外地游客而言，老爸茶馆不仅是享受海南特色美食的场所，更是体验海南本土文化的重要窗口。老爸茶文化中的悠闲自在与当地人的淳朴好客，深深吸引了那些想要深入了解海南文化的游客。这使得老爸茶馆从一个纯粹的本地社交空间，逐步转型为一种具有观光价值的文化体验场所。

面对现代化的挑战与机遇，老爸茶馆也在不断地进行自我调整与创新。一些传统的老爸茶馆开始注重环境的升级与服务的提升，以吸引更多的年轻人和游客。例如，在保留传统风味的同时，茶馆开始增加一些现代化的设施，如免费无线网络、舒适的座椅等，以适应当下人们的需求。同时，一些茶馆还尝试通过结合现代技术，如推出手机点单、电子支付等方式，提升顾客的体验感。这些创新不仅提升了老爸茶馆的服务水平，也在无形中扩大了其文化影响力。

在海南现代化进程中，老爸茶文化的传承面临着新的挑战，同时也充满了机遇。如何在快速发展的现代社会中，保持老爸茶文化的独特性与生命力，是每一个从业者与文化传承者需要深思的问题。老爸茶文化的核心在于人与人之间的交流与互动，这种人文精神是任何现代化技术所无法取代的。因此，如何在现代化的背景下，利用现代技术与旅游业的发展机遇，来延续和传播这一独特的文化传统，是老爸茶文化能够继续蓬勃发展的关键所在。

随着时代的变化，老爸茶馆将继续在海南文化中占据一席之地。无论是本地居民还是外地游客，茶馆中的那一抹茶香都将成为人们记忆中的一部分，见证着海南从传统走向现代的历程。在这条通往未来的道路上，老爸茶文化不仅不会消失，反而将在不断的演变与创新中，焕发出新的生机。通过旅游业的推动，老爸茶文化有机会被更广泛的群体所了解与喜爱，而这种文化的独特魅力，也将在现代化的进程中，继续散发出独特的光芒。

第三篇　茶艺教育与多元文化融合

第六章　海南自由贸易港的文化多样性

本章分析了海南自由贸易港这一特殊环境中，茶文化如何在多元文化背景下展开交流，探讨了国际茶文化对海南本地茶文化的影响及其本地化实践；阐述了外来茶文化与本地茶文化的融合过程，展示了这种文化碰撞如何丰富和创新了海南的茶文化；最后，探讨了文化多样性对茶艺教育的影响，揭示了多元文化背景下，如何通过教育促进茶文化的传承与发展。

第一节　多元文化背景下的茶文化交流

一、多元文化的交汇与碰撞

海南自由贸易港的设立为世界带来了一个独特的文化交汇点。在这个多元文化融合的环境中，茶文化作为中华优秀传统文化的瑰宝之一，展现出了其深厚的历史积淀和独特的魅力。海南不仅是中国的一个省份，更是一个通向世界的重要窗口。它不仅承担着中国与东南亚地区贸易往来枢纽的重要作用，更在文化交流中扮演着桥梁的角色。茶文化在这个背景下，不再仅仅是中国传统文化的一部分，而是成为多元文化交汇与碰撞中的重要元素。

茶文化在中国有着悠久的历史，从古至今，茶不仅是人们日常生活中不可或缺的一部分，更是人们交流思想、传递情感的重要媒介。随着海南自由贸易港的建立，来自世界各地的茶文化也汇聚于此。这种全球化背景下的茶文化交流，不仅促进了不同文化之间的理解与沟通，也推动了茶文化的创新与发展。在海南，自贸港的自由、开放和包容的发展理念使得不同国家和地区的茶文化有了展示与互动的平台。这种文化的碰撞和交流，不仅丰富了海南的文化内涵，也为世界茶文化的发展注入了新的活力。

在海南自由贸易港，不同的茶文化相互交融，形成了一种独特的茶文化氛围。来自中国的茶艺、英国的下午茶、日本的抹茶文化等，带着自己独特的历史背景和文化内涵，在这个开放的平台上相遇、对话、融合。茶叶的种类、制作工艺、品饮方式以及背后的文化故事，都在这样的交流中被重新定义和理解。中国的茶艺，注重仪式感和茶道精神，通过一杯茶传递出人与自然的和谐之道。而来自西方的茶文化，更加注重社交功能，下午茶时间成为人们享受美好时光的重要时刻。这种文化间的差异，不但没有形成隔阂，反而在海南这个特殊的背景下，形成了新的茶文化体验，让人们在品味茶香的同时，也感受到了文化碰撞所带来的独特魅力。

茶文化的包容性在海南得到了充分体现。在这个多元文化的熔炉中，不同的茶文化彼此影响，共同发展，形成了一种新的文化形态。在海南的茶文化交流中，我们不仅可以看到传统的中国茶道表演，还可以体验到其他国家的茶文化活动。这种多样性，不仅丰富了当地的文化生活，也吸引了来自世界各地的游客和茶文化爱好者。茶文化在这里得到了重新审视和诠释，它不再是某一地区、某一民族的专属文化，而是世界文化的一部分。在海南，茶文化展现出了强大的适应性，它能够吸纳不同文化的精华，并与之融合，创造出新的文化表达形式。

海南自由贸易港的建立，不仅是经济发展的重要举措，也是文化交流的重要平台。在这个平台上，茶文化作为一种具有深厚历史的文化形式，得到了新的生命力。不同的茶文化在这里相遇，彼此碰撞，激发出新的文化火花。茶文化的传播，不仅是茶叶的传播，更是文化的传播。在海南，我们可以看到，不同国家的人们通过茶这一媒介，展开了广泛的文化交流。这种交流，不仅促进了彼此的理解，也为文化的多样性和创新提供了广阔的空间。

海南自由贸易港为世界带来了一个新的文化交汇点。在这个多元文化共存的环境中，茶文化以其独特的魅力和包容性，成为文化交流的重要载体。通过茶文化的传播，不同国家和地区的人们在这里找到了共同的语言。茶，不仅是一种饮品，更是一种文化象征，它承载着人们对美好生活的向往和对自然的尊重。在海南，自由贸易港的开放和包容精神，使得茶文化能够在多元文化的交汇中，焕发出新的光彩，成为连接世界的文化纽带。

二、国际茶文化节庆活动

海南，作为中国南海上的璀璨明珠，不仅以其美丽的自然风光和丰富的历史文化吸引着无数游客，更以其深厚的茶文化底蕴而闻名于世。在这片热带宝地上，茶叶种植历史悠久，茶文化内涵深厚。近年来，随着海南茶产业的发展与壮大，各类国际茶文化节庆活动应运而生，逐渐成为全球茶文化爱好者和专家会聚的盛会。这些活动不仅展示了各国独特的茶文化风貌，还在文化交流和互鉴中，赋予了海南茶文化更加丰富的国际化色彩。

海南的国际茶文化节庆活动内容丰富，形式多样，每一场活动都融汇了传统与现代的元素，成为茶文化传播的重要平台。每年的茶文化节庆活动，来自世界各地的茶文化爱好者、专家学者、茶艺师、茶商齐聚一堂，共同探讨茶文化的历史渊源，分享茶艺的传承与创新。在这些活动中，不同国家和地区的茶文化得以展示，呈现出一种多样性与包容性的文化氛围。无论是来自中国的绿茶、红茶，还是来自日本的抹茶，抑或是来自英国的下午茶文化，这些各具特色的茶文化在海南的国际茶文化节上交相辉映，彼此碰撞出新的火花。

在这些茶文化节庆活动中，茶艺表演是不可或缺的环节。来自各国的茶艺师在舞台上展示其精湛的茶艺技艺，从茶叶的选取、冲泡的手法，到茶具的选择和茶道的仪式感，每一个细节都蕴含着深厚的文化意涵。观众们在茶艺师的演绎中，不仅能够欣赏到茶叶在水中绽放的优雅瞬间，还能感受到茶道所传达的礼仪与精神。茶艺表演不仅是对茶文化的一种传承，更是一种文化交流的方式。通过这些表演，不同文化背景的人们能够在品茗中增进了解，加深彼此间的认同与尊重。

除了茶艺表演，茶文化节上还有丰富多彩的茶叶品鉴活动。这些活动为茶叶爱好者提供了一个近距离接触世界各地名茶的机会。不同种类的茶叶，不同的冲泡方式，不同的口感体验，都在这些品鉴活动中得到了淋漓尽致的展现。参与者不仅可以品尝到来自世界各地的茶叶，还可以与茶文化专家交流，学习如何鉴别茶叶的品质，了解不同茶叶的风味特征。通过这些互动，参与者不仅加深了对茶叶的认识，还提升了自身的品茶水平。

与此同时，海南的国际茶文化节庆活动还融入了丰富的文化元素，形式多样的展览、讲座、论坛等活动，成为各国茶文化交流与对话的重要平台。这些活动涉及茶文化的方方面面，从茶叶的历史与发展，到茶器的设计与制作，再到茶文化的艺术表现形式，涵盖了茶文化的广阔领域。在这些活动中，各国的茶文化专家和学者围绕茶文化展开深入的探讨，分享各自的研究成果和心得体会。这种高层次的学术交流，不仅促进了不同国家和地区茶文化的互鉴，还推动了茶文化在全球范围内的传播与发展。

在国际茶文化节庆活动的推动下，海南的茶文化逐渐走向国际化，吸引了越来越多的国际关注。许多外国的茶文化爱好者在参与这些活动后，对海南茶文化产生了浓厚的兴趣，纷纷前来探访海南的茶园，了解茶叶的种植和生产过程，体验茶农的生活。这种国际化的茶文化交流，不仅为海南的茶产业带来了新的发展机遇，也为海南的茶文化注入了新的活力。

海南的国际茶文化节庆活动，作为一种文化交流的载体，不仅展示了海南本土的茶文化特色，还为世界各国的茶文化搭建了一个相互学习、相互借鉴的平台。在这个平台上，各国的茶文化在交流中相互碰撞、融合，创造出了新的文化形式。这种跨文化的交流与合作，不仅有助于增强各国人民之间的文化认同感，还为世界和平与发展作出了积极的贡献。

海南的国际茶文化节庆活动，不仅是一场茶文化的盛宴，更是一场文化交流的盛会。通过这些活动，海南不仅将本土的茶文化推向了世界，也在与世界各国茶文化的互动中，丰富和发展了自身的茶文化内涵。这种双向的文化交流，不仅为海南的茶产业注入了新的活力，也为世界茶文化的多样性发展作出了积极的贡献。

三、茶文化交流平台与机构

在自由贸易港的背景下，茶文化交流平台与机构如雨后春笋般涌现，成为连接不同文化、传递茶道精髓的重要桥梁。茶文化，这一承载着深厚历史底蕴和文化内涵的瑰宝，通过这些平台和机构得以广泛传播和发展，使得全球更多的爱茶人士能够品味到茶的独特魅力，同时也促进了世界范围内的文化交流。

这些茶文化交流平台和机构通常以各种形式展开活动，涵盖茶艺交流会、研讨会、培训班等多种形式。这些活动通常汇聚了来自世界各地的茶艺师、茶道爱好者以及专家学者，通过展示各自独特的茶艺技艺，交流心得与经验，达到彼此学习和共同进步的目的。在这种氛围中，不同文化背景下的茶艺逐渐交融，形成了一种多元的茶文化。无论是中国的功夫茶、日本的抹茶道，还是英国的下午茶文化，都在这些交流中得到了更加广泛的理解和认可。

研讨会则是茶文化交流平台与机构的另一重要形式。这些研讨会往往由行业专家、学者和资深茶人主持，深入探讨茶文化的各个方面，包括茶叶的种植、加工、冲泡技艺、茶具的使用以及茶道礼仪等。通过这种形式的讨论，参与者不仅能够深入理解茶文化的精髓，还能够了解到茶叶产业的最新发展动态。此外，这些研讨会还往往伴随着现场演示，使得理论与实践相结合，更加直观和生动地传递茶文化知识。研讨会的国际化特征也使得不同国家和地区的茶文化得以相互影响和交融，推动了茶文化在全球范围内的多元化发展。

培训班作为茶文化交流的另一种形式，主要面向那些对茶文化有浓厚兴趣但缺乏系统学习机会的人群。通过专业的培训，学员们能够掌握茶叶鉴别、冲泡技艺、茶道礼仪等一系列与茶文化相关的知识和技能。培训班通常由资深茶艺师或茶文化专家授课，内容既包括理论知识的讲解，也包括实操训练。这种教学方式使得学员不仅能够掌握基础的茶文化知识，还能在实际操作中提升自己的茶艺水平。培训班的设置不仅满足了个人爱好者的需求，也为茶叶行业培养了大量的专业人才，进一步推动了茶文化的传播和发展。

随着自由贸易港的发展，茶文化交流平台和机构不仅在数量上不断增加，其影响力也在不断扩大。这些平台和机构通过举办各种形式的茶文化活动，逐渐成为茶文化传播的重要窗口。特别是在国际化进程中，自由贸易港凭借其特殊的地理位置和政策优势，吸引了大量的国际茶文化爱好者和从业者前来参观交流。在这种背景下，茶文化得以在更广泛的范围内传播和推广，使得更多不同文化背景的人们对茶文化产生兴趣，并积极参与其中。这种文化交流不仅局限于茶文化本身，也为各国之间的文化互动提供了一个良好的平台。通过茶文化的交流，人们对不同国家和地区的文化有了更好的理解和认知，推动了全球文化的多元化发展。

茶文化交流平台与机构还在推动茶产业的国际化发展中发挥了重要作用。通过这些平台，茶叶生产者、加工者和销售者能够直接面对全球市场，了解国际茶叶市场的需求和趋势。这种信息的交流和共享，有助于茶产业链的优化和升级，提升茶叶产品的国际竞争力。同时，这些平台和机构还为茶叶贸易提供了便利，使得茶叶能够更加顺畅地进入国际市场，推动了茶产业的全球化进程。

茶文化交流平台与机构作为文化交流的重要载体，通过多种形式的活动，促进了不同文化背景下的茶艺交流与学习，推动了茶文化的多元化发展。在自由贸易港的推动下，这些平台和机构不仅增强了茶文化的国际影响力，也为茶产业的国际化发展提供了强大的支持。在全球化的背景下，茶文化这一传统的文化符号，正在以全新的姿态焕发出勃勃生机，成为连接世界、促进文化交流的重要纽带。

第二节　国际茶文化的影响与本地化实践

一、国际茶文化的引入

海南自由贸易港的建立，为全球企业和文化机构提供了一个独特的平台，使其能够在中国这一重要市场中找到新的机遇与发展空间。这一进程不仅推动了海南经济的发展，也为丰富当地的文化生活注入了新的活力。在众多引入的国际文化元素中，茶文化无疑是最为引人注目的一种。

茶，作为一种历史悠久的饮品，早已超越了其原本的物质属性，成为人类文化的重要组成部分。不同国家和地区的茶文化各具特色，而海南自由贸易港的开放性和包容性为这些多元文化的交会提供了土壤。在这个背景下，来自全球各地的茶叶品种、茶艺表演和茶文化理念逐渐融入海南，构成了一个既多样又统一的文化景观。

海南的气候和地理条件非常适宜茶树的生长，使其自古以来就是中国茶叶的重要产地之一。随着国际茶文化的引入，海南本地的茶文化开始展现出新的面貌。

来自印度、斯里兰卡、日本、英国等地的茶叶种植者和茶艺师纷纷在海南落地生根，将各自的茶文化带入这一新的市场。这不仅丰富了海南本地的茶叶品种，也为当地人提供了了解和体验不同国家茶文化的机会。印度的阿萨姆红茶、斯里兰卡的锡兰红茶、日本的抹茶以及英国的下午茶文化，纷纷在海南的茶馆和茶会上得到了展示和推广。这些不同风格的茶叶和茶艺不仅吸引了茶叶爱好者，也吸引了对茶文化有着浓厚兴趣的游客和学者。

除了茶叶本身，茶文化的引入还体现在茶艺表演和茶文化活动的多样性上。在海南自由贸易港内，不同国家的茶艺师通过表演展示各自独特的茶艺技巧，形成了一种跨文化的对话。例如，日本的茶道以其庄重的仪式感和深厚的哲学内涵闻名，这种对自然和谐的追求以及对"和、敬、清、寂"精神的实践，在海南的茶文化活动中得到了广泛的认同和传承。与此同时，英国的下午茶文化则通过优雅的茶会礼仪和丰富的点心搭配，向海南人民展示了另一种享受茶的方式。这些茶艺表演丰富了海南的文化生活，为当地的茶艺师提供了学习和借鉴的机会，促进了中外茶文化的交流与融合。

国际茶文化的引入还激发了海南茶文化的创新与发展。随着不同国家茶文化元素的融入，海南的茶艺师和茶文化爱好者开始尝试将本地茶文化与国际茶文化相结合，探索新的茶叶调配方式和茶艺表现形式。例如，将海南本地茶叶与印度的香料、斯里兰卡的红茶、日本的抹茶等进行创新性的融合，创造出既具有地方特色又富有国际风味的新茶饮。这些新茶饮不仅在海南本地市场上受到了欢迎，也逐渐走向了国际市场，成为海南茶文化走向世界的一部分。

海南自由贸易港的建立不仅为国际茶文化的引入提供了契机，也为茶文化的传播和发展创造了新的可能。随着越来越多的国际茶文化元素融入海南，这片土地上的茶文化正变得更加丰富和多元。在这种文化交融的过程中，海南不仅成为国际茶文化的重要传播地，也成为全球茶文化创新与发展的新中心。这种文化上的多元化和创新精神，必将进一步提升海南在全球文化舞台上的影响力，助力海南在未来的发展中走向更广阔的国际舞台。通过茶文化这一纽带，海南与世界的联系变得更加紧密，也为全球文化的交流与融合提供了新的范例。

二、本地化的创新与适应

海南作为中国的重要茶叶产区之一，其茶文化历经了数百年的传承与发展，逐渐形成了独具特色的地方风格。然而，随着全球化进程的加快，国际茶文化的冲击给海南本地的茶文化带来了深远的影响。面对这一挑战，海南茶文化在保持传统特色的基础上，进行了积极的本地化创新，展现了极大的灵活性与创造力。这种创新不仅体现在茶叶品种的改良上，也表现在茶艺表演形式的丰富与多样化等方面。

茶叶品种的改良是海南本地化创新的重要组成部分。传统上，海南的茶叶品种多以绿茶和红茶为主，但随着国际茶文化的传播与发展，当地茶农和茶叶生产者开始意识到，引进和培育新的茶叶品种是保持竞争力的重要手段。通过与外地茶区的技术合作和交流，海南的茶农在品种改良方面取得了显著的进展。例如，在适应海南独特的气候条件和土壤环境的基础上，当地培育出了具有地方特色的新茶种。这些茶叶不仅保留了传统的风味，还在口感和品质上得到了提升，满足了现代消费者对多样化茶叶口味的需求。同时，茶叶种植技术的改进也在逐步改变海南茶叶的生产方式。利用现代科技，海南的茶农能够更好地控制茶树的生长环境，从而提高茶叶的产量和品质。这样的改良，不仅提升了海南茶叶的市场竞争力，也为当地茶叶产业的发展注入了新的活力。

除了在茶叶品种上的创新，海南在茶艺表演形式上的创新也值得关注。传统的海南茶艺多以简约、质朴为主，讲求的是一种与自然和谐共处的精神。随着国际茶文化，尤其是以精致和复杂见长的日本茶道和英式下午茶文化的影响，海南茶艺开始出现了一些新的变化。当地的茶艺表演者在吸收这些外来文化元素的同时，将其与海南的本土文化相结合，创造出了独具特色的茶艺表演形式。例如，茶艺表演中融入了海南本地的音乐和舞蹈元素，使整个表演过程更加具有观赏性和文化内涵。此外，一些茶艺表演还将现代科技手段引入其中，如利用灯光和多媒体效果，增强了表演的视觉冲击力。这种创新使得传统的海南茶艺在保留其本质特征的同时，焕发出了新的生机，吸引了更多的年轻人和国际游客的关注。

在茶文化的推广和传播方面，海南也在积极探索新的途径。面对国际茶文化带来的挑战，海南茶文化不再局限于传统的口口相传或是小范围的茶会交流，而是通过更加开放的平台走向世界。茶文化节庆活动的举办，成为展示海南茶文化的重要舞台。在这些活动中，海南不仅展示了本地的茶叶产品和茶艺表演，还邀请来自世界各地的茶文化爱好者和专家学者进行交流与互动。这种跨文化的交流，不仅促进了海南茶文化的传播，也为本地的茶叶生产者和茶艺表演者带来了新的灵感和创意。

海南茶文化的本地化创新，不仅是对国际茶文化冲击的一种回应，也是对自身文化价值的一种再认识。在全球化的背景下，文化的碰撞与融合成为不可避免的趋势，而如何在这种趋势中保持自身的特色，找到适应与发展的路径，是每一个地方文化都必须面对的问题。海南茶文化通过品种改良、茶艺创新以及文化推广等多方面的努力，成功地找到了这一路径。

海南本地茶文化的创新与适应，既是对传统的坚守，也是对现代的回应。这种创新不止步于表面形式的变化，更深层次地体现出文化自信与包容的精神。在国际茶文化的冲击下，海南茶文化通过自身的创新实践，展现出了一种既继承传统又勇于突破的文化活力，为其在国际舞台上的持续发展奠定了坚实的基础。这不仅是对茶文化的一种保护，更是对其生命力的激发与延续。海南茶文化的未来，必将在这种创新与适应的道路上，走得更远，走得更稳。

三、本地企业的国际化策略

海南茶企在国际化进程中的成功经验，是全球化时代背景下中国企业如何借鉴国际经验、融入世界市场的一个生动案例。海南茶企通过一系列策略性的举措，成功提升了自身在国际市场上的竞争力，同时也为海南茶文化的全球推广奠定了坚实的基础。

在产品包装方面，海南的茶企深知消费者的第一印象对于产品销售的重要性。传统的茶叶包装在国际市场上显得过于朴素和单一，难以吸引那些追求新颖与时尚的消费者。为此，茶企们开始重视产品的视觉呈现，通过引入国际先进的设计理念，结合本土的文化元素，打造出既具有海南特色又符合国际审美的茶叶包装。比如，在包装设计上融入了海南独特的自然景观，如海滩、椰树等元素，同时结合现代设计语言，使得产品既有文化深度，又不失时尚感。这种包装策略不仅增加了产品在货架上的吸引力，还帮助消费者通过包装了解海南的自然风光和人文背景，进而增加对产品的认同感和购买欲望。

提升服务质量也是海南茶企在国际市场上站稳脚跟的关键之一。国际市场的消费者对产品的服务有着极高的要求，茶企们意识到，只有提供优质的服务，才能与国际知名品牌竞争。为此，茶企在各个环节中提升服务标准，从生产到销售都实施了严格的质量控制体系。生产环节中，茶企引进了国际先进的生产设备和技术，确保每一片茶叶的质量达到标准。在销售环节，茶企通过与国际物流公司合作，确保产品能够及时、完好地送达消费者手中。此外，茶企还建立了完善的售后服务体系，及时回应国际消费者的反馈和投诉，最大限度地提升顾客满意度。这种全方位的服务提升策略，使海南茶企在国际市场上逐步赢得了消费者的信任和忠诚。

品牌推广则是海南茶企国际化战略的又一重要组成部分。相比于国内市场，国际市场上的消费者对海南茶品牌的认知度较低。为了改变这一现状，茶企们开始大力投入品牌建设，通过多种渠道向国际市场推广海南茶品牌。首先，茶企参加了各种国际茶叶展览和博览会，这不仅是展示产品的机会，更是让海南茶企与全球同行交流学习的平台。通过在国际舞台上亮相，海南茶企逐渐提升了品牌的知名度和美誉度。其次，茶企还借助社交媒体平台和电子商务渠道，直接面向全球消费者进行品牌宣传。通过在抖音、微博等平台上发布精美的产品图片和海南茶文化故事，茶企成功吸引了大量国际粉丝。同时，借助跨境电商平台，茶企能够快速将产品推向全球市场，进一步扩大了品牌的影响力。

海南茶企的这些国际化策略不仅带来了显著的市场回报，还在全球范围内促进了海南茶文化的传播与发展。随着海南茶叶在国际市场上获得认可，越来越多的外国消费者开始关注并了解海南茶文化。这种文化的输出，不仅提升了海南的国际形象，也为当地的旅游业带来了新的发展机遇。许多国际消费者在品尝海南茶的过程中，产生了对海南的向往，进而选择到海南旅游，亲身体验当地的茶文化和自然风光。这种旅游与茶文化的结合，形成了一个良性循环，为海南的经济发展注入了新的活力。

海南茶企通过改进产品包装、提升服务质量和加强品牌推广等多项国际化策略，成功提升了自身的国际竞争力，也推动了海南茶文化的全球传播。这种成功的经验不仅为海南茶企未来的发展提供了宝贵的参考，也为其他中国企业的国际化进程提供了可借鉴的范例。随着全球化进程的加速，海南茶企的国际化之路将更加宽广，也将为中国茶文化在全球范围内的推广贡献更多力量。

第三节　外来茶与本地茶文化的融合

一、文化融合的挑战与机遇

外来茶文化的涌入，既为海南本地茶文化带来了巨大的挑战，也带来了前所未有的机遇。这种文化碰撞既是一次严峻的考验，也是一次文化自我更新与升华的契机。在这场交融中，本地茶文化不仅要守住自身的根基，避免被外来文化所吞噬，更要借助外来的新元素与理念，激发出创新的活力，使传统文化在新时代焕发出新的光彩。

外来茶文化的到来，首先打破了本地茶文化的封闭状态。随着全球化进程的加快，各种茶文化以多样的形式涌入海南，无论是来自中国大陆的普洱茶文化、绿茶文化，还是来自日本的茶道文化，抑或西方的红茶文化，这些外来文化都带着各自独特的背景和文化印记。在面对这些外来文化时，海南的本地茶文化不可避免地受到了冲击。人们开始对外来茶文化产生兴趣，并逐渐将其融入日常生活中。这种现象在某种程度上使得本地茶文化的纯粹性受到挑战，一些传统的饮茶方式、习俗逐渐被淡化或者遗忘。

外来茶文化的冲击并不意味着本地茶文化的消亡，相反，这种冲击正是本地茶文化发展的一个重要转折点。文化的生命力在于它的包容性和适应性，而外来文化的融入则为本地文化注入了新的活力。通过与外来文化的碰撞和交融，本地茶文化有机会反思自身，并在与其他文化的对比中发现自身的独特之处。这种反思和对比促使本地茶文化在保留自身特色的同时，吸收外来文化的精华，从而实现自我的革新与升华。

　　在这一过程中，海南的茶文化面临着如何在多元文化背景下保持自身特色的挑战。这种挑战不仅是形式上的，还包括深层次的文化认同问题。随着外来文化的影响，海南茶文化中的一些传统元素逐渐被边缘化，甚至被外来元素所取代。如果没有足够的文化自信和深厚的文化积淀，本地茶文化可能会面临被同化的风险。因此，如何在外来文化的冲击下坚持自身的文化立场，保持本地茶文化的独特性，成为一个亟待解决的问题。

　　与此同时，外来茶文化的引入也为本地茶文化带来了前所未有的机遇。外来茶文化的多样性和丰富性为本地茶文化提供了借鉴的范例。不同的茶文化有着不同的历史背景和文化内涵，其他国家的茶文化可以为海南的茶文化注入新的理念，通过学习和借鉴，海南的茶文化可以从中汲取养分，丰富自身的文化内涵。

　　外来茶文化的引入还为本地茶文化的推广和传播提供了新的渠道和方式。随着外来茶文化在海南的传播，更多的人开始关注茶文化，并参与其中。这种文化的普及不仅扩大了茶文化的受众范围，也为本地茶文化的传播创造了有利条件。在这方面，本地茶文化可以借助外来文化的传播网络和推广手段，将自身文化推向更广阔的舞台，实现文化的跨地域传播和影响力的提升。

　　要真正抓住这些机遇，海南的茶文化必须在继承传统的基础上勇于创新。创新是文化发展的动力，也是应对外来文化冲击的有效手段。通过创新，本地茶文化可以在保持自身特色的同时，吸收外来文化的精髓，创造出新的文化形态。例如，在茶饮的形式上，海南茶文化可以结合外来文化中的茶艺表演、茶道仪式等元素，打造具有本地特色的茶文化活动。这不仅能够吸引更多人参与，还能够在文化的交流与碰撞中，逐步形成独具特色的茶文化品牌。

　　外来茶文化的涌入，对海南本地茶文化既是一种挑战，也是一次难得的机遇。在这个文化交融的过程中，本地茶文化需要保持足够的文化自信，坚持自身的文化立场，同时积极吸收外来文化的精髓，通过创新与融合，焕发出新的生命力。只有在保持本地特色的基础上不断革新，海南的茶文化才能在多元文化的交融中立于不败之地，实现自身的可持续发展，并在全球文化舞台上绽放出更加璀璨的光芒。

二、融合中的文化认同

在茶文化的交流与融合中，文化认同的建立成为一个不可忽视的重要环节。茶，不仅是一种饮品，更是一种文化符号，承载着不同地域、不同民族的历史文化与价值观。当外来茶文化与本地茶文化交融时，这种文化认同感的培养和加强，直接关系到本地茶文化的延续与发展，也影响着人们对自身文化的自信和归属感。

茶文化在中国有着悠久的历史，从古至今，茶已不仅是物质层面的存在，更成为精神层面的象征。茶的清新淡雅、从容不迫，以及其背后所蕴含的礼仪、哲思和美学，都深深植根于中国人的生活方式和价值观中。然而，随着全球化的发展，外来茶文化逐渐进入中国市场，不同地域、不同风格的茶文化相互碰撞、相互影响。外来茶文化的多样性和新奇感，吸引了不少年轻一代的消费者，这种变化无疑为传统茶文化带来了新的活力与机遇，但同时也提出了新的挑战。

在这种文化融合的过程中，如何保持本地茶文化的独特性和纯粹性，如何在外来文化的冲击下，坚定不移地传承和弘扬自身的文化，是我们必须面对的问题。文化认同感的建立，正是解决这一问题的关键所在。要让本地茶文化在融合中不失本色，首先需要我们对本地茶文化有深刻的理解和认同。只有真正认识到本地茶文化的历史与价值，才能在面对外来文化时，保持清醒的头脑和坚定的立场，不为一时的新奇所动摇，能够在接纳新文化的同时，坚定不移地传承和弘扬自身的文化。

在这个过程中，宣传和教育起到了至关重要的作用。通过对本地茶文化的历史和价值的广泛宣传，人们尤其是年轻一代能够更全面地了解本地茶文化的深厚底蕴和独特魅力。茶文化不仅是品茶的艺术，更是包含了待人接物的礼仪、人与自然的和谐，以及人生哲学的深刻思考。这种教育不仅要在形式上有所创新，更要在内容上深入浅出，使人们在潜移默化中加深对本地茶文化的理解和认同。

提高人们对本地茶文化的认同感，还需要增强文化自信。文化自信是一种深层次的精神力量，是一个民族、一个国家在面对外来文化时，能够自信地展示和坚持自身文化的底气。中国的茶文化经过数千年的积淀，形成了独特的文化体系和价值观念，这种文化自信源自对自身文化的深刻理解和由衷的热爱。通过增强文化自信，我们不仅能够在文化融合中保持本色，更能够在全球化的舞台上，向世界展示中国茶文化的魅力与风采。

文化自信的建立并非一朝一夕之功，需要通过长期的教育、实践和反思，逐步培养和强化。在现代社会中，随着科技的发展和生活节奏的加快，传统文化的传播和认同面临着诸多挑战。很多年轻人对传统茶文化缺乏兴趣和了解，更多地倾向于接受新鲜事物和外来文化。这种情况下，通过现代化的传播手段，如社交媒体、影视作品、文化节庆等，结合传统文化的精髓，创新性地展现本地茶文化的魅力，成为增强文化认同感的重要途径。

在文化认同感的培养过程中，也需要注重本地茶文化的实践和体验。茶文化不仅是一种理论知识，更是一种生活方式的体现。通过茶艺表演、茶道体验、茶文化课程等多种形式，让人们亲身感受到茶文化的魅力，从而在实践中增强对本地茶文化的认同。这种亲身体验不仅能够加深人们对茶文化的理解，更能够在潜移默化中培养他们对茶文化的热爱和自豪感。

在茶文化的融合过程中，文化认同的建立是一个动态的、持续的过程。它不仅需要理论层面的认知，更需要实践层面的参与和体验。通过宣传和教育，提高人们对本地茶文化的认同感，增强文化自信，最终确保在融合中不失本色。这不仅是对本地茶文化的传承与发展，更是对整个民族文化自信的坚定表达。在全球化的背景下，只有在文化融合中保持清醒和坚定，才能真正实现文化的繁荣与进步。

第四节　文化多样性对茶艺教育的影响

一、多元文化视角下的教学内容

在当今全球化的背景下，教育已不再局限于单一的文化视角，而是强调多元文化的融合与共存。这一趋势在茶艺教育领域中尤为明显，尤其是在文化多样性的背景下，茶艺教育的教学内容需要不断丰富和拓展。通过引入多元文化视角，教育者不仅可以帮助学生全面了解茶文化的多样性和丰富性，还能培养学生的国际视野，使其在未来更具竞争力。

茶文化作为一种古老而深远的文化现象，在世界各地以不同的形式存在并发展。中国作为茶的发源地，拥有悠久的茶文化历史和丰富的茶艺传统。然而，随着茶叶贸易的发展，茶文化逐渐传播到世界的各个角落，并与当地文化相结合，形成了各具特色的茶文化传统。日本的茶道，英国的下午茶，印度的香料奶茶，摩洛哥的薄荷茶等，都是各地独特的茶文化表达。每一种茶文化都深深嵌入了当地的历史、社会、宗教和生活习惯中，反映了不同民族对待自然、时间、人际关系等问题的不同态度和哲学思考。

在这样一个多元文化的背景下，茶艺教育如果仅仅局限于介绍某一种文化中的茶艺传统，显然是远远不够的。学生需要在学习过程中接触和了解不同国家和地区的茶文化，以拓宽他们的视野，增强他们的文化理解力和包容性。例如，在讲解英国下午茶时，可以探讨其背后的社交文化，以及在维多利亚时代如何从贵族阶层传播到中产阶级；在介绍印度香料奶茶时，可以谈及其在印度次大陆的社会和宗教意义，以及如何成为印度文化认同的一部分。这种多维度的教学内容，不仅可以让学生更深刻地理解茶文化的多样性，还能激发他们对不同文化背景下的茶艺形式产生浓厚的兴趣。

多元文化视角下的茶艺教育不仅是内容的扩展，更是教学方法的创新。在传统的教学模式中，教师往往是知识的传递者，而学生是知识的接受者。然而，在多元文化的视角下，茶艺教育可以通过引导学生参与讨论、分享和体验不同文化的茶艺实践，增强他们的学习主动性和参与感。例如，教师可以组织学生以小组为单位，分别研究不同国家的茶文化，并通过茶艺表演、文化展示等形式向其他同学介绍他们的研究成果。这种教学方式不仅有助于培养学生的团队合作能力，还能通过实际操作和体验加深他们对所学内容的理解和记忆。此外，教师还可以邀请拥有不同文化背景的专家或茶艺师到课堂上为学生进行示范和讲解，使学生能够直观感受到不同茶文化的魅力和内涵。

在多元文化视角下，茶艺教育还应注重培养学生的跨文化沟通能力。在全球化的今天，文化间的交流和碰撞日益频繁，跨文化沟通能力已经成为现代社会中一项不可或缺的技能。在茶艺教育中，通过对不同国家和地区的茶文化的学习，学生可以更好地理解和尊重其他文化,避免因文化差异导致的误解和冲突。例如,在学习英国下午茶时,学生可以认识到英国人在时间和社交方面的礼仪,这将有助于他们在与英国人打交道时表现出更强的时间观念和社交礼仪。

多元文化视角下的茶艺教育还可以培养学生的文化自信。通过对比不同国家和地区的茶文化,学生可以更深刻地认识到自身文化的独特性和价值,从而增强对本民族文化的认同感和自豪感。在全球化的进程中,文化的多样性和差异性并没有被消解,反而成为人类文明的重要组成部分。在这种背景下,茶艺教育不仅需要帮助学生了解和理解其他文化,更要引导他们在与其他文化交流的过程中,坚定自己的文化立场,保持对本民族文化的尊重和热爱。

二、跨文化交流与合作

文化多样性在全球化背景下变得愈发重要,尤其在茶艺教育领域,它不仅为学生提供了了解不同文化背景的机会,还为跨文化交流与合作开辟了广阔的天地。茶艺作为一种历史悠久的传统文化,不仅深深植根于东方文化的土壤中,同时也在全球范围内产生了深远的影响。

文化多样性为茶艺教育提供了独特的机会,使得学生能够接触到不同国家和地区的茶文化。例如,中国、日本、韩国等国的茶艺各有其独特的风格和仪式,这些国家的茶文化都蕴含着丰富的历史和哲学内涵。通过与这些国家的茶艺教育机构建立合作关系,学生可以在不同的文化背景下学习茶艺,从而提升他们对文化差异的敏感度与理解力。

在茶艺教育中,跨文化交流不仅是简单的文化知识传递,更是实践与体验的结合。通过交换生项目,学生有机会走出国门,亲身体验其他国家的茶文化。这种跨文化的沉浸式学习,不仅可以加深学生对茶艺的理解,还能够培养他们在全球化背景下的适应能力。

联合培训课程也是茶艺教育中跨文化交流的重要形式。通过与国际茶艺教育机构的合作,可以开发出具有多元文化背景的课程内容。例如,一门涵盖中日两国茶艺的课程,可以帮助学生深入了解两国茶文化的异同,并学会如何在不同的文化背景下进行茶艺实践。这种联合课程不仅丰富了学生的知识结构,还为他们提供了一个跨文化交流的平台，促进了不同文化之间的对话与理解。

国际茶艺比赛则为学生提供了展示自己跨文化交流能力和实践技能的舞台。通过参加国际性的茶艺比赛，学生不仅可以展示自己的茶艺技能，还可以学会如何在不同文化背景下与其他选手和评委进行沟通与合作。例如，在一场国际茶艺比赛中，来自不同国家的选手可能会面对不同的文化习惯和审美标准，这就要求他们在比赛过程中灵活应对，展现出对其他文化的尊重与理解。通过这种比赛，学生可以在实际操作中提升自己的跨文化沟通能力，同时也能够增进各国之间的文化交流。

文化多样性在茶艺教育中的体现，不仅为学生提供了学习和实践的机会，也推动了茶艺文化的全球传播。通过跨文化交流与合作，茶艺这一传统文化形式得以在不同的文化背景下重新诠释和发展。在这个过程中，各国茶艺文化相互借鉴、共同进步，形成了一种新的全球茶文化。

在全球化的今天，茶艺教育中的跨文化交流与合作已经成为培养具有国际视野和跨文化能力的人才的重要途径。通过与国际茶艺教育机构的紧密合作，学生不仅可以学习到更多的茶艺知识，还能够在多元文化的环境中锻炼自己，提升自身的综合素质。这种跨文化的学习和交流，不仅有助于个人的成长，也为全球茶文化的繁荣和发展贡献了一份力量。

文化多样性为茶艺教育中的跨文化交流与合作提供了丰富的土壤和广阔的空间。通过交换生项目、联合培训课程和国际茶艺比赛等形式，茶艺教育不仅帮助学生提升了跨文化交流能力和实践技能，还促进了全球范围内的文化理解与合作。在未来，随着全球化进程的不断推进，茶艺教育中的跨文化交流与合作将会变得更加频繁和深入，为世界各国人民搭建起一座相互理解和尊重的桥梁。

三、教育方法的创新

在全球化进程不断加快的今天，文化多样性已成为社会发展的一个显著特征，这种文化的交融和碰撞对各类传统文化的传承与发展都提出了新的挑战。茶艺作为中国传统文化的重要组成部分，在面对全球化背景下的文化多样性时，如何通过教育手段的创新来应对这些挑战，已经成为一个不容忽视的重要课题。

　　要在多元文化环境中有效传承茶艺，要打破传统的单一教学模式，采用多元化的教学手段，这已成为提升茶艺教育质量的必然选择。传统的教学方法往往以灌输式、单向性的知识传递为主，这种方式在面对日益复杂的文化环境时显得力不从心。学生需要的不仅是对理论知识的掌握，更重要的是能够在实际生活中应用这些知识，并通过实践加深对茶艺的理解。因此，情景教学法成为一种有效的创新手段。通过在模拟的或真实的生活场景中进行教学，学生可以身临其境地感受到茶艺的魅力，这种沉浸式的学习体验有助于他们更好地理解茶艺的文化内涵。例如，在一堂关于茶道礼仪的课上，教师通过布置一个模拟的茶室环境，让学生亲身参与到茶道的每一个环节中，从中体会茶艺所蕴含的哲理与平和。这种体验式的学习，不仅让学生更直观地了解了茶艺的操作流程，还能深刻感受到茶道所传递的文化价值观，从而在潜移默化中提升他们的文化认同感。

　　互动体验式教学也是提升茶艺教育效果的重要创新之一。相比传统的单向灌输，互动体验强调师生之间的双向交流与互动，使学生在学习过程中不仅是知识的接受者，更是参与者。通过互动体验，学生能够更主动地参与到学习过程中，在实践中发现问题并解决问题，这种教学方式能够极大地激发学生的学习兴趣与积极性。例如，在教授茶叶分类时，教师可以组织学生进行茶叶品鉴活动，让学生通过实际品尝不同种类的茶叶来辨别它们的特性，并通过讨论分享彼此的感受与见解。这种教学方法不仅能帮助学生更直观地掌握茶叶的知识，还能通过讨论与交流培养学生的批判性思维和表达能力。在这种互动体验中，教师与学生之间的关系也得到了进一步的拉近，教学过程不再是单向的传授，而是共同探索、共同进步的过程。

　　当前信息技术迅猛发展，线上线下相结合的混合教学模式也为茶艺教育提供了更多的可能性。传统的线下教学虽然具有直观、互动性强的优势，但在时间和空间上存在一定的局限性，特别是在面对地域分散或学习时间有限的学生群体时，单一的线下教学很难满足他们的需求。通过将线上教学与线下教学相结合，可以打破这些限制，让更多人有机会接触和学习茶艺。线上教学可以通过录制教学视频、进行实时直播等形式，使学生能够随时随地进行学习，同时，教师还可以通过在线平台与学生进行互动，解答他们在学习过程中遇到的问题。线下教学则可以更注重实践操作和体验,通过实际的操作让学生更深入地理解和掌握茶艺技能。这种线上线下相结合的混合教学模式,不仅提高了教学的灵活性和便捷性,还能将理论与实践更紧密地结合在一起,使学生的学习过程更加全面和立体。

在文化多样性的背景下,茶艺教育还需要注重对学生文化理解能力和跨文化沟通能力的培养。随着世界各地对茶文化兴趣的增加,越来越多的国际学生也加入茶艺学习的队伍中。面对这些拥有不同文化背景的学生,教育者在教授茶艺时不仅要传授技术和知识,还要引导学生理解和尊重茶艺背后的文化价值观。组织跨文化交流活动,让学生分享自己国家的饮茶习惯和文化,能够增进他们对不同文化的理解与尊重,同时也能更深刻地认识到茶艺作为文化交流的一部分,在全球化背景下所具有的独特意义。

茶艺教育方法的创新不仅是对教学手段的改进,更是对茶艺文化传承与发展的深刻思考。在文化多样性和全球化的挑战下,情景教学、互动体验以及线上线下相结合的混合教学模式,不仅能够提升学生的学习效果,还能让他们更好地理解和掌握茶艺知识与技能。与此同时,这些创新方法也为茶艺文化的传播与发展提供了新的途径,使其在当代社会中焕发出新的活力与生命力。只有教育方法的不断创新,茶艺这一传统文化瑰宝才能在多元文化的碰撞与融合中,继续传承和发扬光大。

第七章　茶艺教育课程的创新与设计

本章首先介绍了不同文化背景的教学策略，强调在跨文化教育中如何有效地传递茶艺知识和技能。其次，探讨了茶艺创新教学法，展示了如何通过新的教学方法和理念提升学生的学习体验和效果。再次，分析了教育技术在茶艺教学中的应用，展示了现代科技如何辅助传统茶艺教育，增强教学互动性和实效性。最后，探讨了茶艺教育的国际合作与交流，强调通过国际合作和交流，共同推动茶文化的全球传播和发展。

第一节　针对不同文化背景的教学策略

一、文化敏感性与包容性

在茶艺教育中，文化敏感性与包容性的融入是一项复杂而深远的任务，涉及对不同文化的理解与尊重。茶艺作为一种独特的文化艺术形式，不仅是茶叶的冲泡与品饮，更是茶文化的传承与弘扬。在全球化日益加深的今天，茶艺教育的受众越来越多元，拥有不同文化背景的学生带来了丰富的文化多样性。因此，如何在茶艺教育中有效地体现文化敏感性和包容性，成为一个不可忽视的重要课题。

茶艺教育的文化敏感性首先体现在对不同文化背景学生的理解和尊重上。这种理解不仅是对学生个人文化背景的认知，更是在教学设计、内容选择以及互动方式上，充分考虑到学生的文化身份与习惯。例如，不同文化背景的学生在对茶的理解、对茶艺的接受程度以及对茶文化的认知上可能存在显著差异。对一些学生来说，茶文化可能是一种日常生活中的习惯，而对另一些学生来说，茶文化可能是一种全新的体验。因此，在教学过程中，教师应注重倾听和观察，了解学生的文化背景和个人需求，进而调整教学方法和内容，使之更符合学生的实际情况。

文化敏感性还应体现在课程设计上。茶艺教育的课程设计不仅是教授如何泡茶、如何品茶，还包括了对茶文化的历史背景、哲学思想以及文化内涵的探讨。在这一过程中，课程设计应当尊重并包容多元文化的存在。在全球化的背景下，茶文化早已不仅局限于中国、日本等传统茶文化国家，它在世界各地都得到了广泛传播，并且在不同的文化背景下发展出了各自独特的形式。因此，茶艺教育的课程设计应该将这些多样化的茶文化形式纳入教学内容，使学生能够在学习中接触到不同文化背景下的茶文化，从而丰富他们的学习体验。

在课程设计中，尊重学生的传统和习俗也是文化敏感性的体现之一。不同文化背景的学生可能有着不同的生活习惯和文化禁忌，教师在设计课程时需要充分考虑这些因素。例如，在一些文化中，特定的茶叶种类可能被认为是具有特殊意义的，甚至在宗教或文化上有着某种象征性。在教授这些内容时，教师应当尊重学生的文化信仰和习俗，避免触犯禁忌，同时可以通过探讨这些文化背后的意义，增进学生对不同文化的理解和尊重。

文化敏感性与包容性还体现在教学互动中。在茶艺教育的课堂上，教师与学生之间的互动是非常重要的环节。教师在与拥有不同文化背景的学生交流时，应该注重使用包容性语言，避免使用带有文化偏见或可能引发误解的表达方式。此外，教师还应鼓励学生之间的跨文化交流，让他们在讨论和实践中互相学习和理解彼此的文化背景。例如，在一堂茶艺课上，教师可以引导学生分享他们各自文化中与茶相关的习俗和传统，通过这种方式，学生不仅可以学习到茶艺的技术，还可以在交流中增进对彼此文化的理解和尊重。

文化敏感性与包容性在茶艺教育中的重要性不仅体现在教学内容和方法上，还体现在教学目标上。茶艺教育的最终目标不仅是让学生掌握茶艺的技能，更重要的是通过茶艺这一文化载体，促进学生之间的跨文化理解与交流。在全球化的今天，文化的交融与碰撞不可避免，而茶艺作为一种兼具艺术性和文化性的形式，正是促进这种交融的桥梁。在茶艺教育中，通过尊重和包容不同文化，学生可以在学习茶艺的过程中，深化对不同文化的理解和认同，从而培养出更加开放和包容的国际视野。

二、因地制宜的课程内容

在设计茶文化课程时，因地制宜地调整课程内容是一个关键的策略，它能够帮助教师更有效地传达知识，并让学生在学习过程中获得更加深入的体验。对于来自不同文化背景的学生，教师应当仔细考虑这些文化差异对理解茶文化的影响，从而在教学内容的设计上进行相应的调整。

亚洲地区，特别是中国、日本和韩国等国家，拥有悠久的茶文化传统。对于这些国家的学生来说，茶不仅是一种饮品，更是一种文化的象征和日常生活的一部分。在这些地区，学生通常从小就接触茶道的基本理念，如中国茶道中对自然和谐的追求。因此，在面向这些学生的课程设计中，教师可以深入探讨传统茶道的内涵，包括茶道的历史、哲学背景以及各类茶具和茶叶的知识。这些内容不仅能够帮助学生加深对自身文化的理解，还能够增强他们的文化自豪感。此外，通过实践环节，比如茶道表演和茶艺展示，学生可以亲身体验茶道的仪式感和文化底蕴，进一步增强他们对茶文化的认同感和理解。

对于来自西方国家的学生来说，茶文化的背景和兴趣点可能有所不同。西方的茶文化虽然也有其独特的历史和传统，例如英国的下午茶习俗，但整体而言，西方学生对于茶的接触和理解可能更倾向于现代化和创新性的茶饮形式。他们可能更关注茶的风味、搭配以及茶在现代生活中的应用。因此，在面向西方学生的课程中，教师可以更多地引入新式茶饮的制作与品鉴内容，比如奶茶、花果茶、冷泡茶等形式的茶饮。通过让学生动手调配不同风味的茶饮，探讨各种茶叶和配料的搭配，课程不仅可以增加趣味性，还能够满足学生的求知欲和创造力。此外，西方学生可能对茶与健康、茶的功能性等话题有更多的兴趣。因此，课程内容可以涵盖茶叶的营养成分、茶与健康的关系，以及如何在日常生活中合理饮用茶叶以达到保健效果。

在多元文化背景下的课堂，还应当考虑到学生对于茶文化的认识可能存在的多样性。对于那些来自没有浓厚茶文化背景的国家的学生来说，茶可能仅仅是一种普通的饮品，他们对茶文化缺乏深入的了解。因此，在这些情况下，课程的设计应更加基础，内容应当从茶叶的种类、基本冲泡方法开始，逐步引导学生认识茶文化的广博与深邃。通过循序渐进的教学方式，学生能够逐步建立对茶文化的兴趣，并在此基础上有更深入的理解和欣赏。

在因地制宜的课程内容设计中，教师还应当注重跨文化交流的机会。茶文化作为一种具有广泛影响力的文化现象，可以成为拥有不同文化背景的学生之间互相学习和理解的桥梁。教师可以通过组织茶文化体验活动，让拥有不同文化背景的学生分享各自的茶文化传统，从而促进彼此之间的文化交流与理解。例如，亚洲学生可以展示和讲解传统茶道，而西方学生则可以介绍新式茶饮的创新理念。这种互动不仅能够丰富课程内容，还能够增强学生之间的文化认同和尊重。

因地制宜地调整茶文化课程的内容，是实现有效教学的重要手段。通过理解和尊重不同文化背景的学生的需求和兴趣，教师可以设计出更加丰富和有针对性的课程内容，使每一位学生都能够在学习中获得有价值的体验。无论是深入探讨传统茶道的哲学与艺术，还是探索新式茶饮的创意与多样性，都可以通过精心设计的课程内容，激发学生对茶文化的兴趣，增强他们的文化素养，并在多元文化的背景下，促进跨文化的交流与理解。

三、双语教学与语言支持

在当今全球化的时代背景下，多元文化教育成为各国教育体系中日益重要的一部分。在这一过程中，语言作为文化的核心要素，发挥着至关重要的作用。特别是在多元文化的教育背景下，如何确保不同语言背景的学生能够有效地理解和参与课堂内容，成为教育工作者面临的一大挑战。因此，双语教学和多语言支持在这一背景下的重要性愈加凸显。双语教学不仅有助于弥合文化差异，促进跨文化交流，还能拓宽学生的知识视野，培养他们的全球化意识。

在多元文化的教育环境中，语言障碍往往是学生在课堂上面临的最主要的挑战之一。学生若不能充分理解教师的讲解或教材内容，他们在学业上将难以取得成功。这不仅会影响学生的学习体验和学术表现，还可能导致他们在心理上产生疏离感，进一步加剧文化隔阂。为了克服这些障碍，双语教学成为一种有效的策略。通过双语教学，教师能够用学生熟悉的语言教授知识，确保他们能够跟上课程进度，理解复杂的概念，从而在学术上取得更好的表现。

双语教学并不仅是单纯地将课程内容翻译成另一种语言，它更注重在教学过程中尊重和融合不同文化的表达方式和思维方式。教师在教学中可以使用学生熟悉的文化背景和表达方式来解释课程内容，从而使学生能够更好地理解知识点。例如，在教授某一特定概念时，教师可以运用学生文化中常见的比喻或例子，使得学生能够将新知识与已有的认知框架联系起来，进而加深理解。这种方式不仅有助于学生更好地掌握课程内容，还能使他们感受到自己的文化和语言得到了尊重，从而提升他们的自信心和学习积极性。

双语教学的实施不仅需要教师具备扎实的语言能力，还要求他们具备跨文化沟通的能力。在多元文化的课堂上，教师不仅要用学生熟悉的语言进行授课，还要了解学生的文化背景和思维模式，能够用他们熟悉的表达方式进行沟通。这就要求教师在教学过程中展现出高度的文化敏感性，能够意识到不同文化之间的差异，并在此基础上调整教学方法。通过这样的方式，教师可以有效地避免文化误解和沟通障碍，确保教学的顺利进行。

多语言支持也是多元文化教育中不可或缺的一部分。除了双语教学外，学校还应为学生提供多种语言的学习资源和支持服务，以帮助他们克服语言障碍。这些支持服务包括多语言教材、语言辅导课程以及为非母语学生提供的额外语言学习机会等。通过这些措施，学校能够为学生创造一个更加包容和支持的学习环境，使他们能够在语言上得到充分的帮助，从而更好地适应学校生活。

在多元文化的教育环境中，语言的多样性不仅是一种挑战，也是一种资源。通过双语教学和多语言支持，学生能够接触更多样的语言和文化，从而开阔视野，培养多元文化的理解力。对于非母语学生而言，双语教学和多语言支持能够帮助他们在新的语言环境中更快地适应和融入，从而在学术上取得更好的成绩。同时，双语教学还有助于培养学生的双语能力，使他们能够在全球化的社会中更好地沟通和竞争。

双语教学的意义不仅在于促进学生的学术成功，还在于培养他们的跨文化沟通能力。在多元文化的背景下，学生需要学会在不同的文化环境中进行有效的沟通和合作。双语教学通过将不同语言和文化融入教学过程，使学生在学习知识的同时，不断地进行跨文化的交流与学习。通过这样的方式，学生能够逐渐形成对不同文化的理解和尊重，培养其开放的心态和全球视野。

随着全球化进程的进一步推进，多元文化教育的重要性将更加显著。双语教学和多语言支持作为这一进程中的重要组成部分，将在帮助学生应对语言挑战、促进跨文化理解以及培养全球意识方面发挥越来越重要的作用。通过在教育中重视和推广双语教学和多语言支持，我们能够为学生创造一个更加包容和多元的学习环境，使他们在未来的全球社会中能够自信地应对各种挑战，成为具有国际竞争力的全球公民。

第二节　创新茶艺教学法与跨文化教育

一、互动式教学法

在现代教育的背景下，传统的讲授式教学方式逐渐显现出其局限性。学生被动地接受知识，难以充分理解和内化，尤其是在一些需要实际操作和体验的课程中，这种教学方式更是难以发挥应有的效果。茶艺教学作为一门集知识性、技能性和艺术性于一体的课程，更需要一种能够激发学生主动参与、深入理解和实际操作的教学方法。而互动式教学法正是解决这一问题的有效途径。

互动式教学法的核心在于通过多样化的教学活动，鼓励学生积极参与到学习过程中，使他们不再仅仅是知识的接受者，也是学习过程的主动参与者。这种教学方式的应用，使得学生在课堂上不再是被动的听众，而是活跃的参与者，他们通过与教师、同学的互动，以及参与实践活动，能够更深刻地理解和掌握所学的知识。在茶艺教学中，这种教学方法显得尤为重要。

小组讨论作为互动式教学法的重要组成部分，能够有效促进学生之间的沟通与合作。在茶艺课堂上，教师可以将学生分成若干小组，围绕特定的茶艺主题进行讨论。例如，讨论不同茶类的制作工艺、茶具的选择与使用、茶道文化的历史渊源等。在讨论过程中，学生不仅能够交流各自的见解，还能够通过相互补充和辩论加深对问题的理解。同时，小组讨论也培养了学生的团队合作精神，使他们在集体中学会倾听、表达与合作。

角色扮演是另一种有效的互动式教学手段。在茶艺教学中，教师可以设计一些情境，让学生扮演不同的角色，如茶艺师、顾客、茶文化传播者等。通过角色扮演，学生能够更好地理解茶艺实践中的实际操作和人际交流的重要性。例如，在模拟茶艺展示的场景中，学生可以体验到如何根据不同的顾客需求选择适宜的茶叶，如何正确操作茶具，如何通过言语和行为传达茶道文化的精髓。这种模拟实践的方式，不仅提高了学生的操作技能，还增强了他们在实际情境中解决问题的能力。

茶艺实践则是互动式教学法中最直接、最有效的环节。与其通过单纯的理论讲解，不如让学生亲自动手，在实践中掌握茶艺的技能。教师可以组织学生进行实际的茶艺操作，从选茶、备茶、煮水、泡茶到品茶，每一个环节都让学生亲身参与。在这个过程中，教师不仅要指导学生正确的操作步骤，还要鼓励他们在实践中发现问题、解决问题。例如，学生在泡茶时可能会遇到水温不合适、茶具使用不当等问题，教师可以及时给予指导，并引导学生总结经验。这种实践教学，不仅能够让学生在动手中掌握技能，还能培养他们解决实际问题的能力和增加动手操作的信心。

在互动式教学法的应用中，教师的角色也从知识的传授者转变为学习的引导者和协助者。在这种教学模式下，教师不仅要具备深厚的专业知识，还要具备良好的沟通和组织能力，能够根据学生的兴趣和需求设计、组织各种互动活动。教师需要关注每个学生的学习状态，通过提问、讨论、引导等方式，激发学生的学习兴趣和参与热情。通过营造一个轻松、开放、充满互动的学习环境，教师能够让学生在学习中感受到乐趣，从而更积极地参与到学习过程中。

互动式教学法不仅改变了传统的教学方式，也带来了教学效果的显著提升。通过小组讨论，学生能够在交流中拓宽知识面，深化理解；通过角色扮演，学生能够在模拟中提升技能，增强自信；通过茶艺实践，学生能够在动手操作中掌握技能，积累经验。所有这些互动活动的设计与实施，都旨在提高学生的参与度，使他们在主动参与中获得更丰富的学习体验。

互动式教学法的应用在茶艺教学中具有重要意义。它不仅丰富了教学内容，激发了学生的学习兴趣，还提高了教学效果，使学生能够在轻松愉快的氛围中掌握茶艺技能，并在实际生活中加以运用。教师在运用互动式教学法时，既要注重活动的设计与组织，也要关注学生的实际需求和兴趣，只有这样，才能真正实现教学相长，使茶艺教学达到更高的水平。通过互动式教学法的不断探索与实践，茶艺教育不仅会培养出更多优秀的茶艺师，还将传播和弘扬中华茶文化，使更多的人了解并喜爱这门古老而优雅的艺术。

二、跨学科融合

茶艺教育作为一种深具文化内涵的教育形式，其内在价值不仅在于传承茶文化的技艺，更在于通过这种教育方式，能够将学生带入更广阔的知识领域，促使他们在理解和掌握茶艺的同时，获得跨学科的知识积累与综合能力的提升。茶艺教育与其他学科的有机结合，如历史、艺术、科学等，既能拓展学生的知识面，又能深化他们对茶文化的理解，使之成为一种丰富且多维度的学习体验。

在茶艺教育中，历史学科的融入显得尤为重要。茶文化的发展有着悠久的历史，从茶的发现、种植到饮茶习俗的形成，以及茶在社会生活中的地位和作用，都深深植根于中国乃至世界各地的历史背景中。因此，在茶艺教育中引入历史学科的内容，能够帮助学生更好地理解茶文化的形成与演变。例如，通过学习中国古代的茶文化，学生可以了解茶在唐宋时期的兴盛以及明清时期的普及；通过探讨丝绸之路，学生可以理解茶叶如何作为重要的贸易商品，从中国传入中亚、西亚，甚至远至欧洲，成为连接东西方文化的重要纽带。这样的历史背景知识不仅能够增强学生对茶文化的理解，还能让他们在更广泛的历史脉络中看到茶文化的全球影响力。

艺术学科与茶艺教育的结合，则为学生提供了一个从美学角度欣赏和展示茶文化的机会。茶艺本身就包含着丰富的美学元素，从茶具的设计、茶席的布置，到泡茶的动作、茶汤的色泽，都体现着茶文化的独特审美。在茶艺教育中，学生可以通过绘画、雕塑、书法等艺术形式，表达他们对茶文化的理解。例如，学生可以设计一套具有文化特色的茶具，或者通过绘画创作表现茶文化中"和、敬、清、寂"的精神内涵。此外，茶道的仪式感和意境美也可以通过戏剧、舞蹈等艺术形式得到表现。通过这些艺术实践，学生不仅能够提高自己的艺术修养，还能更深刻地体会到茶文化的美学价值。

科学学科的引入为茶艺教育注入了理性和实证的元素，使学生能够从科学的角度探讨茶的化学成分及其对人体健康的影响。在茶艺教育中，学生可以通过科学实验，分析茶叶中的主要成分，如茶多酚、咖啡因、氨基酸等，了解这些成分对人体健康的益处。例如，通过实验，学生可以验证茶多酚的抗氧化作用，探讨其在预防心血管疾病、延缓衰老等方面的潜在功效。此外，学生还可以研究不同种类的茶，如绿茶、红茶、乌龙茶，在成分和功效上的差异，从而掌握如何根据个人健康需求选择适合的茶叶类型。这种科学探究不仅能够使学生加深对茶文化的理解，还能培养他们的科学素养和实验技能。

通过这种跨学科的融合，茶艺教育不仅是一门技艺的传授，更是一种综合素质的培养。在历史学科的帮助下，学生可以通过对茶文化的时间与空间维度的理解，拓展他们的历史视野；在艺术学科的引导下，他们可以通过对茶文化的审美表达，培养艺术感知力和创造力；而在科学学科的支持下，他们可以通过对茶叶成分和健康效益的探讨，增强科学素养和实践能力。这样一种跨学科的茶艺教育，既能使学生获得更为全面的知识积累，又能使他们在不同学科的交叉点上，形成独特的思维方式和创新能力。

茶艺教育与历史、艺术、科学等学科相结合，不仅拓展了学生的知识面，还使他们能够从多角度、多层次理解茶文化。这种教育方式不仅有助于学生个人的全面发展，也为茶文化的传承与创新提供了新的路径。通过跨学科的融合，茶艺教育将不再局限于技艺的传授，而是成为一种融汇历史、艺术、科学于一体的综合教育形式，培养出既具文化素养又具科学精神的全面人才。

三、文化体验活动

茶文化在中国有着悠久的历史，作为一种独特的文化现象，它不仅是饮茶的习惯，更是一种生活方式的体现。为了让学生更好地理解和欣赏这种文化，组织一系列茶文化体验活动显得尤为重要。这种沉浸式的学习方式不仅可以帮助学生从理论上理解茶文化，更能够通过亲身体验，加深他们对茶艺传统和风俗习惯的直观感受和情感共鸣。

在茶文化体验活动中，茶艺表演是一个非常重要的环节。茶艺表演不仅展示了泡茶的技艺，还展示了茶道中的礼仪和精神。在这种表演中，茶艺师会通过优雅的动作、精致的茶具和独特的技法，向学生展示茶叶从选取、温壶、投茶、冲泡、闻香到品饮的整个过程。每一个步骤都充满了仪式和内涵，如水温的控制、冲泡的时间、茶汤的颜色和香气等，这些细节都反映了茶艺中对"和、敬、清、寂"精神的追求。通过观看和参与茶艺表演，学生不仅能够了解茶叶的种类、泡茶的步骤和技巧，还能感受到茶文化中蕴含的宁静、礼仪和敬意。这种体验式的学习能够让学生更直观地理解茶文化的深厚内涵，也能够在他们心中种下一颗热爱和尊重传统文化的种子。

除了茶艺表演，组织学生参加茶文化节也是一种极具教育意义的活动。茶文化节通常是一个汇聚了茶文化精髓的大型活动，涵盖了茶艺表演、茶叶展示、茶道讲座、茶文化展览等多个方面。在茶文化节中，学生可以近距离接触不同地区、不同品种的茶叶，了解茶叶的生长环境、制作工艺以及各地独特的茶饮习惯。通过参观茶文化展览，学生还可以看到各种各样的茶具，从古代的陶器、瓷器到现代的工艺品，感受到茶具艺术的发展历程和背后的文化故事。在茶道讲座中，专家们会详细讲解茶道的历史、茶礼的起源和发展，以及茶文化在不同历史时期的演变和影响。这些丰富的内容不仅拓宽了学生的视野，还加深了他们对茶文化的理解和认同。在这个过程中，学生不仅是知识的接受者，更是文化的体验者，他们在互动中领悟，在感受中学习，从而在潜移默化中形成对茶文化的深厚情感。

茶园参观是另一项不可或缺的活动，它为学生提供了一个亲身感受茶叶种植和制作过程的机会。在茶园中，学生可以看到茶树的生长环境，了解茶树的品种、栽培方式以及采摘时间。茶农会亲自为他们讲解如何判断茶叶的品质，如何在最佳时机采摘，以及不同种类的茶叶在制作工艺上的差异。学生还可以亲自参与到采茶的过程中，体验从茶叶的种植、采摘到制作的整个流程。在茶叶制作工艺的体验环节中，他们可以观察和学习炒茶、揉捻、发酵等工序，了解每一个步骤对最终茶叶品质的影响。这种亲身经历的体验不仅能够让学生更深刻地理解茶叶从茶园到茶杯的转变过程，也能够让他们体会到制茶过程中蕴含的匠心精神和劳动价值。

通过一系列的茶文化体验活动，学生不仅是在学习一种技艺或文化知识，更是在体验一种生活方式和精神境界。茶文化中的礼仪、宁静、和谐与自然的关系，这些都可以在茶艺表演、茶文化节和茶园参观中得到深刻的体现。这种沉浸式的文化体验能够帮助学生更好地理解和欣赏不同文化中的茶艺传统和风俗习惯，同时也能够培养他们对传统文化的热爱和尊重。在这个过程中，学生的文化认同感和自豪感会逐渐增强，他们会更加珍惜和传承这种宝贵的文化遗产。

通过这样的文化体验活动，学生不仅能够学到书本上无法传授的知识，更能够通过亲身的体验和感受，建立对茶文化的深刻理解和情感联系。这种学习方式所带来的不仅是知识的积累，更是心灵的升华和视野的拓展。茶文化体验活动无疑是让学生深入了解和感悟中华文化精髓的一种有效途径，也是培养他们文化自信和文化认同的一个重要平台。在这样的活动中，他们不仅学会了如何泡一杯好茶，更学会了如何以茶为媒，传递和平、尊重和友善的文化精神。通过这种文化传承的方式，茶文化得以在一代又一代人中延续和发扬，成为中华文化的重要组成部分，也成为学生终身受益的精神财富。

第三节　教育技术在茶艺教学中的应用

一、虚拟现实（VR）与增强现实（AR）技术

虚拟现实（VR）与增强现实（AR）技术的崛起，为传统文化的传承和教学方式带来了前所未有的变革。在这一背景下，茶艺的学习与推广也迎来了新的契机。利用 VR 和 AR 技术，创建虚拟茶室和茶园，让学生能够身临其境地学习茶艺，不仅能够极大地提升学习的趣味性，还能有效地突破空间与时间的限制，使得茶文化的传播变得更加便捷与广泛。

在虚拟现实技术的支持下，学生可以戴上 VR 头盔，进入一个栩栩如生的虚

拟茶室或茶园。无论他们身处何地，只要戴上设备，就能瞬间置身于一片宁静的竹林茶园，耳边是潺潺流水与鸟鸣声，眼前是古朴的木制茶桌和精致的茶具。在这样一个高度还原的虚拟空间里，学生可以选择不同的场景，比如晨曦中的山间茶园，或是夕阳下的古老茶室，感受不同环境下品茶的独特魅力。这种沉浸式的体验不仅让学生更容易进入学习的状态，还能让他们在放松的氛围中更深入地理解和感悟茶文化的精髓。

VR 技术还能让学生通过虚拟的导师进行互动式学习。这些虚拟导师可以是历史上的茶道大师，也可以是根据现代教学需求设计的智能角色，他们能够在虚拟空间里为学生演示各种茶艺技巧，从如何泡制一壶好茶，到如何掌握复杂的茶道礼仪。学生不仅可以反复观看这些演示，还可以通过与虚拟导师的互动进行模拟练习，获得即时的反馈和指导。这种学习方式极大地降低了初学者的学习难度，使得茶艺变得更加易于掌握。同时，通过这种虚拟导师的引导，学生也可以更深入地了解茶艺背后的文化背景和历史渊源，从而提升他们对茶文化的全面理解。

AR 技术在茶艺教学中的应用，则可以进一步将虚拟与现实融合，使得学习过程更加生动和多样化。学生只需使用智能手机或平板电脑，就能在现实空间中看到虚拟的茶具、茶叶和茶水。这些虚拟物品可以与现实中的茶具相结合，帮助学生更直观地理解每一个步骤。例如，当学生在真实的茶室中准备泡茶时，可以通过 AR 技术在现实中看到虚拟的指导，比如水温的提示、茶叶的分量建议等。这种实时的增强现实指导不仅能够提高学生的操作准确性，还能帮助他们在实际操作中更快地掌握技巧。

AR 技术还能够将茶文化中的一些抽象概念进行可视化展示。例如，学生可以通过 AR 技术看到茶叶在热水中慢慢舒展的过程，观察茶汤颜色的微妙变化，甚至可以放大观察茶叶的结构和纹理。这种微观层面的展示让学生能够更好地理解茶叶的品质与茶汤的关系，同时也让他们对茶叶的挑选和评鉴有更深入的认识。这种可视化的教学方式，能够将传统教学中难以呈现的细节以更加直观的方式展现出来，从而提高学生的学习效果和兴趣。

通过 VR 和 AR 技术的结合，茶艺的学习过程变得更加灵活多样，不再受限于特定的时间和地点。学生可以在家中、学校，甚至是公共交通上进行茶艺学习。他们可以根据自己的节奏和兴趣，选择不同的学习内容和场景，进行个性化的学习体验。同时，这种虚拟化的学习方式还能够打破地域限制，将不同地区、不同文化背景的学生聚集在同一个虚拟空间中，进行跨文化的茶艺交流与学习。这不仅促进了茶文化的全球传播，也为学生提供了一个多元化的学习环境，增强了他们的文化理解能力与包容力。

VR 与 AR 技术的应用，使得茶艺学习从传统的师徒传授模式，转变为一种现代化、互动性强且高度沉浸的学习体验。这种创新的教学模式，不仅丰富了茶艺的传播途径，还为茶文化的传承注入了新的活力。

二、在线课程与资源共享

在现代社会，随着科技的进步和互联网的普及，在线教育逐渐成为一种重要的学习方式。茶艺，作为中国传统文化的重要组成部分，也正在利用这一趋势，走向更广阔的受众。开设在线茶艺课程并建立资源共享平台，不仅打破了时间和地域的限制，更为茶艺的传播和传承提供了新的可能性。

茶艺是一门讲究细致与艺术的学问，它不仅是泡茶的技艺，更是一种通过茶表达文化、修养身心的方式。然而，传统的茶艺学习往往受到地理位置、时间安排以及教学资源的限制，导致许多人难以接触到高质量的茶艺教育。在线茶艺课程的开设则突破了这些障碍，为更多的人提供了学习茶艺的机会。

在线茶艺课程通过视频教学的形式，生动地展示了茶艺的各个步骤和要领。高质量的视频内容不仅能够清晰地呈现每一个动作，还能通过特写镜头捕捉到泡茶过程中的微妙细节，这在传统的课堂教学中是难以实现的。通过视频，学习者可以反复观看、仔细揣摩每一个步骤，并在合适的时间安排下进行练习。这种灵活的学习方式使得即使是没有时间亲自前往茶馆或茶艺学校的人，也能够在家中学习茶艺。

直播互动是在线茶艺课程的另一大特色。在直播过程中，学生不仅可以实时观看茶艺大师的操作，还可以通过文字或语音与教师进行互动，提出自己的问题，获得及时的解答。这种实时互动的形式不仅增强了学习的趣味性，还使得学生能够在第一时间纠正自己的错误，提高学习效率。直播课程还可以根据学生的反馈进行调整，使得课程内容更加贴近学生的需求，确保每个学生都能有所收获。

在线讨论板块则为学生提供了一个相互交流的平台。在这里，来自世界各地的茶艺爱好者可以分享自己的学习心得、交流泡茶的经验、讨论茶文化的内涵。这种互动不仅加深了学生对茶艺的理解，还促进了茶艺文化的传播。不同背景的学习者带来了多元的视角，这种多样化的讨论有助于茶艺文化在全球范围内的推广和发展。

建立茶艺教学资源库也是在线茶艺课程的一项重要举措。这个资源库可以汇集各种形式的茶艺学习资料，包括视频教程、文本资料、图文讲解、茶艺知识问答、泡茶技巧指南等。资源库的建立使得学生可以随时查阅和学习他们感兴趣的内容，不受时间和空间的限制。无论是初学者想要了解基本的泡茶技巧，还是有经验的茶艺师希望深入研究某一特定茶种的冲泡方法，资源库都能满足他们的需求。资源库的内容还可以随着时间的推移不断更新和扩充，确保学生能够获得最新的茶艺知识和最前沿的教学资料。

在线茶艺课程和资源共享平台的建立不仅为个人提供了学习的机会，也为茶艺文化的推广和传承创造了新的途径。通过互联网，茶艺这种传统技艺得以更便捷地走出国门，面向全球。世界各地的茶艺爱好者可以通过在线课程和资源库，接触到最正宗的中国茶艺，了解茶文化的丰富内涵。这不仅有助于增进不同文化之间的理解和交流，也为全球文化的多样性作出了贡献。

在线茶艺课程还为茶艺从业者提供了一个展示自己技能和经验的平台。茶艺大师可以通过开设课程、参与直播互动、上传教学视频等方式，向更广泛的受众展示他们的技艺和知识。对于那些希望在茶艺行业有所作为的人来说，这无疑是一个绝佳的机会。通过在线课程，他们可以接触到来自世界各地的学生，扩大自己的影响力，提升个人品牌价值。

在线茶艺课程与资源共享平台的建立，为茶艺的普及和推广开辟了新的道路。不仅突破了传统教学模式的局限，打破了时间和地域的限制，使更多人能够接触和学习茶艺，还通过资源共享，推动了茶艺文化的传承和发展。

三、智能学习系统

在当今信息化高度发展的社会背景下，茶艺教学逐渐融合了先进的技术手段，尤其是人工智能和大数据的应用，为传统文化的传播开辟了新的路径。智能学习系统的引入，使得茶艺教学更加科学、高效，并且能够充分满足个体化需求。通过这套系统，每一位学习者都可以享受到量身定制的学习指导，从而在掌握茶艺精髓的过程中，获得更加丰富而深刻的体验。

茶艺作为一门融合了技艺与文化的传统艺术，其学习过程需要长期的积累与实践。不同于其他技能学习，茶艺注重的是心与技的结合，是在学习技艺的同时，感悟茶道的精神与文化内涵。因此，传统的教学模式往往依赖于师徒相承的方式，师傅通过长时间的观察与指导，逐步将技艺与理念传授给学徒。然而，这种教学方式对学习者的时间与空间要求较高，并且在面对大规模的茶艺传播时，显得力不从心。智能学习系统的出现，为这一现状带来了改变。

智能学习系统通过应用人工智能技术，可以实时捕捉和分析学习者的学习数据。这些数据包括学习者的练习时间、学习进度、错误率、兴趣点等多方面的信息。通过对这些数据的深度分析，系统能够为每位学习者建立独特的学习档案，并根据他们的个体需求，推荐最适合的学习内容与资源。例如，初学者可能会在如何正确拿握茶壶的角度与力度上遇到困难，系统会及时捕捉到这一信息，并推荐相关的视频示范与教学内容，帮助学习者纠正姿势；而对于已经掌握了基本技巧的学习者，系统则会根据其兴趣，推荐更高级的茶艺知识与实践技巧，进一步提升他们的茶艺水平。

智能学习系统的另一个重要功能在于它能够提供即时的反馈与指导。在传统的茶艺学习中，学习者往往需要经过长时间的练习才能获得师傅的反馈，而这种反馈的及时性和准确性直接影响着学习者的进步速度。智能学习系统通过对学习者的练习情况进行实时监控，可以立即发现问题并给出具体的改进建议。例如，在学习茶道六艺中的"闻香"环节时，系统可以通过分析学习者的动作数据，判断其是否正确掌握了闻香的手法与技巧，并在发现偏差时，及时给予提示与纠正。这种即时反馈机制，不仅提高了学习的效率，也增强了学习者的参与感和成就感。

除此之外，智能学习系统还能够通过分析学习者的兴趣点，进行更为细致的教学内容推荐。茶艺博大精深，包含了丰富的文化内涵与技艺流派，学习者在学习过程中，往往会对某些特定的领域产生浓厚兴趣。智能学习系统可以通过分析学习者的学习行为和偏好，主动推荐与其兴趣相符的茶艺知识与技能。例如，某些学习者可能对中国茶道中的自然和谐尤为感兴趣，系统便会推荐相关的经典文献与教学视频，甚至可以通过 VR 技术，模拟茶道场景，让学习者身临其境，深入体验茶道的精髓。

在智能学习系统的帮助下，茶艺学习不仅更加个性化，还实现了从传统课堂到数字化教学的全面转型。系统通过大数据的分析能力，将学习者的表现与全球范围内的学习者数据进行比对，为学习者提供全球视野下的学习建议。这种数据驱动的教学模式，不仅提升了学习者的竞争力，也为茶艺这一传统艺术的现代化传播提供了全新的思路。

智能学习系统的引入，为茶艺教学带来了深刻的变革。它将个性化学习推向了一个全新的高度，通过实时监控与分析，帮助学习者在茶艺的学习过程中不断进步，并且在掌握技艺的同时，深入理解茶道的文化内涵。

第四节　茶艺教育的国际合作与交流

一、国际茶文化交流项目

国际茶文化交流项目的设立不仅是一种文化交流的形式，更是一种理解和尊重世界多元文化的表现。在全球化背景下，茶这一传统的饮品，早已不再是某一国家或民族的专属，而是跨越国界、成为连接不同文化的重要桥梁。通过与国外茶文化机构和学校的合作，开展国际茶文化交流项目，能够让各国学生和教师深入体验与理解不同国家的茶文化，从而增进对其他国家文化的认同与尊重，推动世界各国人民之间的跨文化交流与合作。

茶文化，作为一种历史悠久的文化现象，渗透在许多国家的社会生活中。无论是在中国、日本、韩国，还是在英国、摩洛哥、印度，茶不仅是一种饮品，更承载着深厚的文化内涵和历史记忆。不同国家的茶文化有其独特的发展路径和表达形式，了解和学习这些文化，不仅能够拓宽个人的文化视野，还能增强国际理解与合作。因此，国际茶文化交流项目旨在通过系统性和持续性的交流活动，让参与者得以亲身体验不同文化中的茶道、茶艺、茶礼等，深刻理解茶文化在各个社会中的独特角色和意义。

这一项目的核心是通过与国际茶文化机构和学校的合作，搭建一个开放、包容、互学互鉴的平台。合作的形式可以多种多样，包括举办国际茶文化论坛、开展茶艺表演交流、组织国际茶文化展览以及茶文化课程的共建共享等。通过这些多样化的合作形式，学生和教师不仅可以学习到本国未曾接触到的茶文化知识，还可以在与国外同行的交流互动中，提升自己的文化素养和跨文化沟通能力。

在交流项目中，组织学生和教师进行交流访问和学习是其中的重要环节。学生可以在国外的茶文化机构或学校中，亲身参与茶文化相关的课程和活动，体验当地的茶道实践，从而深刻理解茶文化在不同社会文化中的功能与象征意义。同时，教师也可以在交流访问中，通过与外国同行的交流，探讨茶文化教育的不同模式与方法，借鉴国外的先进经验，提升自身的教学水平。此外，教师还可以在合作中，开展国际合作研究，探索茶文化在全球化背景下的发展趋势和影响，推动茶文化在新时代的发展与创新。

通过这些交流访问活动，学生和教师不仅可以获得丰富的知识和经验，更可以在文化的碰撞与交融中，培养开放包容的国际视野和跨文化的敏感性。这种跨文化的理解与认同，是促进国际合作的重要基础。在全球化的今天，世界各国之间的联系越来越紧密，而文化差异往往成为合作中的障碍。因此，通过国际茶文化交流项目，增进对其他国家茶文化的了解和认同，能够有效地减少文化误解，促进各国人民之间的理解与信任，为跨文化合作奠定坚实的基础。

国际茶文化交流项目的开展，还能够推动茶文化的国际化传播与推广。通过与国外茶文化机构和学校的合作，可以将中国的茶文化传播到世界各地，让更多的人了解并喜爱这一具有深厚历史和文化底蕴的传统文化。同时，也可以引进国外的优秀茶文化，让中国的学生和教师有机会接触和学习到更加多样化的茶文化形式和内容，丰富和完善我国的茶文化体系。

在此过程中，跨文化交流与合作的意义不仅在于文化的传播与学习，更在于通过对彼此文化的理解与尊重，推动世界和平与发展的进程。茶，作为一种象征和平与友谊的文化载体，在国际交流中发挥着独特的作用。通过茶文化的交流与传播，不同国家的人民可以在轻松愉快的氛围中进行沟通与互动，增进彼此之间的理解与信任，化解文化差异带来的矛盾与冲突，为构建和谐共处的国际社会贡献力量。

国际茶文化交流项目不仅是茶文化传播的重要途径，更是推动跨文化交流与合作的有效手段。通过与国外茶文化机构和学校的合作，组织学生和教师进行交流访问和学习，可以增进对其他国家茶文化的了解与认同，培养具有国际视野和跨文化沟通能力的人才，促进各国人民之间的合作，推动世界和平与发展。这一项目的开展，将为世界各国的文化交流与合作注入新的活力，也将为茶文化的传承与发展开辟新的道路。

二、国际联合教学与研究

国际联合教学与研究是推动茶学教育和研究领域取得突破性进展的重要途径。在当今全球化的背景下，跨国界的学术交流与合作变得愈发重要。通过与国际知名茶学研究机构和大学的合作，茶学教育和研究能够得到全面提升。这种合作不仅是学术成果的共享，更是教学理念、研究方法以及文化背景的深度融合，最终促进茶学的创新与发展。

在联合教学方面，与国际知名大学合作可以为茶学教育引入多样化的教学资源。这些资源不仅包括教材和课程设计，还包括教学模式和教育理念的引进。例如，西方国家的茶学研究在植物学、生物化学、环境科学等方面积累了丰富的经验，他们的教学模式更注重学生的实践能力和科研素养的培养。而这些优势可以通过国际合作融入茶学教育中，使学生在学习过程中不仅掌握理论知识，还能通过实际操作和研究项目提升自身能力。这种教学理念的引进，有助于培养具备国际视野和创新能力的茶学专业人才，进一步提升茶学教育的质量和水平。

联合教学还能够为学生提供更为广阔的学习和交流平台。通过国际合作，学生将有机会参与国际交流项目，赴海外知名茶学研究机构进行学习和实践。这些经历不仅能够开阔学生的视野，使他们了解不同国家和地区的茶文化，还能够促进学生对茶学的全球性理解。这样的国际化教育体验，对于学生未来在国际舞台上从事茶学研究或相关工作无疑是极为宝贵的。

科研合作方面，与国际知名茶学研究机构的联合研究能够极大推动茶学研究的进步和创新。通过合作，国内的茶学研究人员可以借助国际先进的科研设备、技术和方法，开展更加深入和广泛的研究。例如，在茶叶种植技术的改良、茶叶化学成分的分析、茶叶健康功效的研究等领域，国际合作能够带来全新的研究视角和技术手段，从而取得突破性成果。此外，合作研究还可以促进多学科的交叉融合，将茶学研究与其他领域如医学、营养学、环境科学等结合，拓展茶学研究的深度和广度。

国际科研合作不仅在学术层面上带来直接的影响，还可以推动茶学研究成果的应用和转化。国际合作研究项目通常会涉及不同国家和地区的市场需求和文化背景，这种多样性为研究成果的应用提供了更广泛的可能性。例如，针对不同市场的茶叶产品开发，通过国际合作研究，可以更好地了解各地消费者的需求，进而开发出具有国际竞争力的茶叶产品。同时，合作研究的成果也能够通过国际学术会议、论文发表等途径得到更广泛的传播，进一步提升茶学研究在国际学术界的影响力。

通过与国际知名茶学研究机构和大学的合作，国内的茶学研究机构和学者能够更好地了解国际茶学研究的最新动态，跟踪前沿研究成果，从而保持自身研究的前瞻性和创新性。此外，这种合作还可以为国内茶学研究人员提供更多的国际化学术交流机会，例如，参加国际会议、发表国际期刊论文、与国外专家共同撰写学术著作等。这不仅有助于提升个人的学术影响力，也能够推动整个茶学研究领域的发展。

在合作过程中，文化的交流与融合也是不可忽视的一个方面。茶文化作为一种独特的文化形式，在全球范围内有着广泛的传播和影响力。通过国际合作，不同国家和地区的茶文化得以相互交流和借鉴。例如，东方国家的茶道文化与西方国家的茶文化有着显著的差异，通过合作研究，可以将这些不同的文化元素进行融合，形成更加丰富多彩的茶文化内涵。此外，国际合作还能够促进茶文化的全球传播，使更多的国家和地区了解并喜爱茶文化，推动茶产业的国际化发展。

在未来的发展中，国际联合教学与研究将成为茶学教育和研究不可或缺的一部分。通过引进国际先进的教学理念和研究成果，茶学教育将进一步提升学术水平和国际影响力；通过与国际知名茶学研究机构的合作，茶学研究将迎来更多的创新与突破。这种合作不仅是为了学术和研究的进步，更是为了茶文化的传承与发展，为全球茶学领域的发展注入新的活力。

三、国际茶艺比赛与展示

在当今全球化的背景下，茶艺作为一种独特的文化艺术形式，逐渐走出国门，吸引了世界各地人们的关注与喜爱。组织和参与国际茶艺比赛与展示活动，成为连接不同文化、促进文化交流的重要纽带。在此过程中，学生作为茶艺文化的传承者与创新者，展示自己的茶艺才华，不仅是在技艺层面上的较量，更是文化理解、国际视野和竞争力的全面提升。

每一场国际茶艺比赛，都像是一场文化的盛宴，汇聚了来自世界各地的茶艺爱好者与专业人士。在这种环境下，学生不仅有机会展示自己精湛的茶艺技艺，还能感受到不同文化之间的碰撞与交融。国际茶艺比赛为学生提供了一个展示自己才华的舞台，学生通过精心准备的茶艺表演，不仅要展现茶的泡制技巧，更要体现茶道精神与文化内涵。比如，如何在茶艺表演中融入中国的儒释道哲学思想，如何通过一杯茶传达出人与自然的和谐之道，这些都是学生在国际比赛中需要思考与表现的内容。

参与国际茶艺比赛，不仅是对学生技艺的检验，更是对他们心理素质、文化修养、表达能力的全方位挑战。面对来自不同国家、不同文化背景的评委和观众，学生需要以自信从容的态度，运用流利的外语介绍茶艺流程、阐述茶文化理念，这在无形中提高了他们的语言表达能力与国际交流能力。同时，比赛中面对的竞争与压力，锻炼了学生的心理抗压能力与应变能力，这些都是学生未来步入社会、参与国际竞争的重要素质。

通过参与国际茶艺比赛，学生能够拓宽视野，提升自身的国际竞争力。在与世界各地的茶艺高手同台竞技中，学生不仅能看到自己的优势，也能清楚地认识到自身的不足。比如，有些国家的参赛选手可能在茶具设计、茶席布置等方面有独特的见解和创意，这些都能为学生提供新的灵感与学习方向。通过与国际同行的交流与切磋，学生能够吸收他国文化的精髓，丰富自己的茶艺表现形式，从而不断提升自己的艺术修养与技艺水平。

国际茶艺比赛不仅对学生个人有着深远的影响，也对茶艺教育的发展起到了积极的推动作用。随着越来越多的学生在国际舞台上展示中国茶艺，世界对中国茶文化的关注度不断提高。这不仅提升了茶艺教育的国际知名度，也进一步促进了茶文化的全球传播。国际比赛带来的影响，使得越来越多的国家和地区开始重视茶艺教育，将茶艺纳入到文化交流与教育体系中。这种跨文化的交流与合作，不仅促进了茶艺教育的多元化发展，也为茶艺教育提供了更多的资源与平台。

国际茶艺比赛与展示活动还可以激发学生的学习热情，增强他们对茶艺的兴趣与热爱。在准备比赛的过程中，学生需要投入大量的时间与精力去学习茶艺理论、练习茶艺技法、研究茶文化内涵。这种全身心的投入，往往会激发他们对茶艺的浓厚兴趣，并促使他们在茶艺的道路上不断追求卓越。同时，通过与国际选手的交流与互动，学生能够感受到茶艺的广阔天地，进而增强他们对茶艺学习的信心与动力。这种内在动力的提升，对于学生未来的学习与发展具有重要意义。

组织和参与国际茶艺比赛与展示活动，不仅是对学生茶艺才华的展示与认可，更是对他们国际视野、文化理解与综合能力的全面提升。通过这一平台，学生得以与世界各地的茶艺爱好者和专业人士交流切磋，吸收他国文化的精髓，提升自身的艺术修养与技艺水平。同时，这一过程也提升了茶艺教育的国际知名度与美誉度，促进了茶文化的全球传播与推广。可以说，国际茶艺比赛与展示活动，不仅为学生提供了展示自我的舞台，也为茶艺教育的发展开辟了新的天地。

第四篇　茶艺与海南经济社会发展

第八章　茶艺与海南旅游业的互动

本章探讨了茶艺与海南旅游业的深度互动，展示了如何通过茶文化旅游项目的开发，提升海南作为旅游目的地的独特魅力。首先，介绍了一些成功的茶文化旅游项目案例，揭示了这些项目在吸引游客方面的创新和成就。其次，分析了如何通过丰富的茶文化体验提升海南的旅游吸引力，增加游客的参与感和满意度。再次，市场推广策略是本章的另一重点，讨论了如何有效推广茶文化旅游项目以扩大市场影响力。最后，探讨了茶文化旅游的可持续发展策略，强调在发展过程中如何平衡经济效益与保护生态，确保茶文化旅游的长期健康发展。

第一节　茶文化旅游项目的开发案例

一、成功案例分析

一年一度的茶文化节是海南省的一项文化盛事，吸引了来自四面八方的游客和茶文化爱好者前来参加。这场节日不仅是一次传统茶文化的盛会，更是一次将海南独特风情与现代旅游体验完美结合的文化盛典。茶文化节的每一个细节都经过精心设计，从活动安排到场地布置，从茶叶展示到茶艺表演，处处彰显出海南浓郁的茶文化底蕴和独特的地域特色。

茶文化节的核心是茶艺表演，这不仅是一场视觉和味觉的盛宴，更是一场精神与文化的深度交流。来自全国各地的茶艺师和茶文化爱好者在这里汇聚一堂，通过优雅的茶道表演，将传统茶艺的精髓展现得淋漓尽致。观众在观看茶艺表演的过程中，不仅能感受到茶道中蕴含的优雅与宁静，还能领悟到茶文化中所传递的礼仪、敬意和对自然的崇敬。在茶艺师娴熟的动作和细腻的表情中，观众仿佛穿越时空，亲身体验到千百年前那些品茶人所经历的心境。茶艺表演不仅是技艺的展示，更是对文化传承的致敬、对自然的尊重以及对生活的热爱。

茶叶展示区是茶文化节的另一个重要组成部分。这里汇集了海南各地最具代表性的茶叶品种，每一种茶叶都承载着丰富的历史和文化背景。无论是香气四溢的红茶、清香宜人的绿茶，还是别具一格的白茶，游客都可以在这里品尝到最正宗的海南茶品。展区内，茶农亲自向游客介绍他们的茶叶，从茶树的种植到茶叶的采摘和制作工艺，每一个步骤都凝聚着他们的心血和智慧。游客不仅能够通过亲自品尝来感受不同茶叶的独特风味，还能通过与茶农的交流，深入了解茶叶背后的故事和文化。这种互动式的体验让游客不仅是旁观者，更成为茶文化的一部分，增强了他们的参与感和体验感。

除了茶艺表演和茶叶展示，茶文化节还安排了丰富多彩的茶艺讲座。这些讲座邀请了国内外知名的茶文化专家和学者，他们通过深入浅出的讲解，将茶文化的精髓传递给每一位听众。讲座内容涵盖了茶叶的历史、茶道的礼仪、茶具的选择与使用以及不同茶叶的品鉴技巧等。通过这些讲座，游客不仅能够提高对茶文化的认识，还能学习到许多实用的茶艺知识。更重要的是，这些讲座为茶文化爱好者提供了一个交流的平台，他们可以在这里与专家和其他爱好者探讨茶文化的各种话题，分享他们对茶文化的独特见解和感悟。这样的交流和互动，不仅加深了人们对茶文化的理解，也促进了茶文化在现代社会的传播和发展。

茶文化节的举办地点也经过精心挑选，通常选在海南风景秀丽的茶园或历史悠久的古镇。这些场地不仅为茶文化节增添了浓厚的文化氛围，也让游客在欣赏茶艺和品味茶叶的同时，感受到大自然的美丽和宁静。茶园中，清新的空气中弥漫着茶叶的香气，游客漫步其中，仿佛置身于一片绿色的海洋，身心都得到了极大的放松和愉悦。在古镇里，游客沿着青石板路，探访那些保存完好的古老建筑，感受古镇悠久的历史和深厚的文化底蕴。这种自然与文化的完美结合，使得茶文化节不仅是一场茶文化的盛会，也是一场心灵的洗礼。

茶文化节不仅是海南展示其独特茶文化的重要平台，更是促进文化交流、提升游客体验的有力举措。通过茶艺表演、茶叶展示和茶艺讲座等丰富多彩的活动，茶文化节将海南的茶文化与现代旅游体验紧密结合，赋予了这一传统文化新的生命力。在茶文化节中每一位参与者，不仅能品味到美味的茶饮，还能在茶香中找到心灵的宁静与平和。这种深刻的文化体验，将会成为他们美好记忆中的一部分，也会让他们对海南茶文化有着更加深刻的理解和热爱。每一年的茶文化节，都是一次文化与自然的盛宴，是一场心灵与茶道的邂逅。

二、特色茶文化节

一年一度的茶文化节如期而至，仿佛时间的钟声在这一刻凝固，整个海南都被一股悠然的茶香所环绕。这是一个茶文化爱好者和游客翘首以盼的盛会，吸引着四面八方的来客，共同沉浸在这片绿意盎然的茶园之中，感受茶叶的清香和茶艺的悠然。海南的茶文化，独具一格，有着深厚的历史渊源和文化底蕴，而茶文化节便是这一传统文化的最佳展现时刻。

茶文化节的举办地选在了海南最具代表性的茶园之一，四周青山环绕，茶树成片，如同一幅天然的画卷。清晨的露水还未完全蒸发，茶园中便已人声鼎沸，游客们从四面八方汇聚于此，怀揣着对茶文化的好奇与热爱。在这片茶叶的海洋里，茶文化的每一处细节都得到了完美的展现。茶园里那层层叠叠的茶树，仿佛在向人们诉说着每一片茶叶背后的故事，每一缕茶香都牵引着人们的思绪，走进那段悠悠的茶文化历史。

茶文化节的活动丰富多彩，首先是茶艺表演。茶艺师身着传统的服饰，举手投足间都透着一股淡雅的气质。他们以娴熟的技艺和优雅的姿态，展示着中国传统的茶艺，水的温度、茶叶的量、冲泡的时间，每一个细节都讲究至极，体现出茶文化的严谨与深邃。茶具的碰撞声在寂静的茶园中显得尤为清脆悦耳，伴随着阵阵清新的茶香，茶艺师娴熟地完成了一道道茶艺流程，如同演绎了一场精彩绝伦的艺术表演。围观的游客无不为之惊叹，仿佛在这简简单单的茶艺表演中，看到了生活的智慧与艺术的升华。

紧随其后的是茶叶展示，琳琅满目的茶叶品种让人目不暇接。海南的茶叶以其独特的地理环境和气候条件，孕育出了一系列品质卓越的茶叶品种，每一种茶叶都代表着海南不同的风土人情。茶文化节上，茶农们精心挑选了自己引以为傲的茶叶品种，向游客们展示。从传统的绿茶、红茶，到近年来崭露头角的白茶、黄茶，每一种茶叶都承载着一段独特的历史和文化。游客们可以近距离地接触这些茶叶，感受其色泽、闻其香气、品其滋味，进一步了解每一种茶叶背后的故事和制作工艺。在茶农们的详细讲解下，游客们不仅学到了丰富的茶叶知识，更是感受到了茶农们对茶叶的那份深厚感情和执着追求。

茶艺讲座也是茶文化节的重头戏之一。特邀的茶文化专家以其丰富的学识和经验，为游客们带来了一场场精彩的讲座。从茶叶的起源、历史发展，到茶艺的演变、品茶的艺术，茶文化的方方面面都得到了深入的探讨。讲座中，专家深入浅出地解读了茶文化的精髓，阐述了茶与中国传统文化之间的深厚渊源。现场的游客聚精会神地听着，他们不仅在这里学到了关于茶的知识，还深刻领会到茶文化所蕴含的哲理与人生智慧。茶文化不仅是关于如何种茶、制茶和喝茶，更是一种生活方式和精神追求。通过这些讲座，茶文化不再只是一个遥远的概念，而是成为游客们生活中的一部分，他们对茶的认识也从单纯的品鉴提升到了文化的理解和精神的共鸣。

除了这些精彩的活动，茶文化节的氛围也让人流连忘返。整个活动现场弥漫着浓郁的茶香，茶园中的每一个角落都充满了茶文化的气息。游客在这里不仅可以品尝到新鲜的茶叶，还能亲身体验采茶、制茶的乐趣。茶文化节不仅是一个展示和学习的场所，更是一个让人放松心情、享受慢生活的地方。人们在这里暂时放下了城市的喧嚣与忙碌，回归自然，在与茶的对话中找到了内心的宁静与平和。

一年一度的茶文化节，以其独特的魅力和丰富的内容，为海南的茶文化注入了新的活力。通过茶艺表演、茶叶展示和茶艺讲座等活动，茶文化得到了全面的展示和推广，游客不仅在这里学到了关于茶的知识，更体验到了茶文化的独特魅力。每一个参与者都在这片茶叶的海洋中找到了属于自己的那一片宁静与美好，而这正是茶文化节最为动人之处。茶文化节结束后，留在每个人心中的，不仅是那一缕缕清新的茶香，更是对海南茶文化的深深敬意与无限向往。

三、茶园生态旅游

在海南这片充满生机的土地上，茶园不仅是茶叶生产的基地，更是生态旅游的瑰宝。茶园与生态旅游的结合，宛如一场自然与人文的盛宴，让游客在品味茶香的同时，融入大自然的怀抱，体验一种别具风味的旅行方式。

海南的茶园大多坐落于山间，茶树在青翠的群山怀抱中茁壮成长，茶园风景如画，山峦叠翠，云雾缭绕，这些自然条件不仅为茶树的生长提供了得天独厚的环境，也为茶园生态旅游创造了极佳的基础。游客踏入茶园，首先映入眼帘的是那一望无际的茶树，整齐划一地排列在山坡上，仿佛是大地精心编织的一张绿毯，随着山势起伏，茶树的层层叠叠宛如波浪一般，在阳光的照射下，茶叶散发出油亮的光泽，清新的茶香随风飘荡，沁人心脾。

茶园生态旅游的核心魅力在于它不仅是静态的观光，更是一种互动式的体验。在茶园内，游客可以亲自参与茶叶的采摘，这是一项充满乐趣的活动。清晨时分，天边的霞光初露，茶园在晨曦中显得格外宁静，游客在导游的带领下，穿梭于茶树之间，学着当地茶农的样子，俯身轻轻捏住嫩芽，将一片片茶叶小心翼翼地摘下，这不仅是一次与自然亲密接触的机会，更是对茶文化的一种深入理解。每一片茶叶的背后，都蕴藏着茶农的辛勤劳动与智慧，当游客亲手采摘这些茶叶时，能真切感受到这份劳动的价值。

茶园中的茶文化讲解也是游客不可错过的环节。在这里，游客们不仅可以了解到茶叶的种植与采摘过程，还能深入学习茶叶的制作工艺。从茶叶的初制到精制，每一个环节都有着严格的要求，而这些要求不仅是为了保证茶叶的品质，更是几千年来茶文化传承的精髓所在。讲解员向游客详细介绍不同种类茶叶的特性以及如何通过制茶工艺来突出茶叶的独特风味。这种知识性的体验不仅丰富了游客的旅行内容，也让他们对茶叶的品质有了更加深刻的理解。

茶园不仅是茶叶的生产基地，更是茶文化的传播地。在茶园中，游客可以亲眼目睹茶艺师如何泡制一壶好茶，从选茶、洗茶、冲泡到品饮，每一个步骤都充满了仪式感。茶艺师通过精湛的技艺，将茶的色、香、味完美呈现出来，而游客则在茶艺师的带领下，一边观赏，一边品味，感受茶叶在水中舒展的过程，闻一闻茶香，品一品茶汤，这种感官上的享受，让人仿佛进入了一个宁静而美好的世界。

除了茶文化的体验，茶园的自然风光也是吸引游客的重要因素。海南独特的地理环境造就了茶园的美丽景致，这里四季如春，气候温和，空气清新，尤其是雨后的茶园，云雾缭绕，宛如仙境一般。游客漫步在茶园的小径上，呼吸着清新的空气，欣赏着周围的美景，不仅能感受到大自然的静谧与美丽，还能在这片宁静的天地间，放松身心，享受片刻的平静与安宁。

茶园生态旅游不仅满足了游客对自然风光的向往，更让他们在体验中了解茶文化的博大精深。海南茶园的独特之处在于它将自然与文化完美结合，无论是清晨的采茶体验，还是茶艺的展示，抑或是茶园中的闲庭信步，每一处细节都透露出对自然的尊重与对文化的传承。这种体验式的旅游方式，让游客不仅能从视觉上感受到美的冲击，更能在心灵上得到一种满足与升华。

在茶园生态旅游中，游客们既能亲身参与茶叶的采摘与制作，深入了解茶叶的生长与制作过程，又能沉浸在茶园的美丽景色中，感受大自然的魅力。正是在自然与文化交融的过程中，茶园生态旅游展现出了它独特的魅力，不仅让游客得以放松身心，回归自然，还通过深入体验茶文化，提升了他们的文化素养与生活品质。对于那些追求自然与文化双重享受的游客来说，海南茶园生态旅游无疑是一个极具吸引力的选择。这种旅游方式不仅是一次视觉与味觉的盛宴，更是一场心灵与文化的洗礼。

第二节　提升海南作为旅游目的地的茶文化体验

一、打造茶文化主题路线

海南作为一个拥有丰富自然资源和文化底蕴的地区，以其独特的气候条件和地理环境成为茶叶种植的重要基地。茶文化在海南有着悠久的历史，已经深深融入当地人民的日常生活中。为了更好地展现这一宝贵的文化遗产，相关部门打造一条具有海南特色的茶文化主题路线，不仅可以丰富旅游产品的多样性，还能够让游客在深入了解茶文化的过程中体验到海南的自然之美和人文风情。

在这条茶文化主题路线的设计中，首先要考虑的是将海南境内的主要茶文化景点进行有机串联。这些景点包括茶园、茶博物馆、茶艺展示中心以及那些保留着传统制茶工艺的小村庄。通过合理的线路规划，游客能够在一趟旅程中体验到茶叶从种植、采摘、制作到品饮的全过程。在茶园中，游客可以亲身参与到茶叶的采摘活动中，感受手工采茶的乐趣，并了解不同品种茶叶的生长环境和特点。茶园的绿意盎然和田园风光与茶文化的清新雅致相得益彰，为游客提供了一次放松心灵、回归自然的机会。

在茶博物馆，游客可以通过图文展示、实物陈列和多媒体互动，深入了解茶的历史起源、茶文化的发展脉络以及海南茶叶的独特之处。博物馆内还可以设立茶文化讲座和茶艺培训课程，邀请当地的茶文化专家和茶艺师为游客讲解茶叶的品鉴方法、冲泡技巧，以及茶文化背后的哲学思想。这种知识性的体验不仅能提升游客的文化素养，也能激发他们对茶文化的兴趣，增强参与感。

沿途的小村庄则是感受传统制茶工艺的最佳场所。在这些村庄中，至今仍然保留着一些古老的制茶手艺，如手工揉茶、晾晒、焙茶等。游客可以目睹茶叶从鲜叶到成品的转变过程，甚至亲自参与其中。在这些村庄里，浓厚的茶文化氛围和淳朴的民风民俗也能让游客体验到最原汁原味的海南农村生活。与当地茶农的交流，不仅能加深对茶文化的理解，还能感受到茶在人们生活中所扮演的重要角色。

茶文化主题路线的设计还可以结合海南的自然景观和其他旅游资源，使之成为一条集文化、生态、休闲于一体的综合性旅游线路。例如，可以将茶园与海南的热带雨林公园、火山口地质公园等自然景区进行结合，在茶文化之旅中融入生态旅游的元素，让游客在品茗之余，尽享海南的自然美景。此外，还可以安排茶叶美食品鉴活动，将茶文化与海南的美食文化相结合，推出以茶入菜的特色菜肴，或者是与茶叶相关的养生膳食。这样，游客不仅可以在旅途中品味茶的芳香，还能品尝到茶叶带来的独特美味，进一步提升旅游的体验感。

为了增加路线的趣味性，可以设置一些互动性强的活动，如茶艺比赛、茶文化知识竞赛、茶园摄影比赛等。这些活动不仅能够调动游客的积极性，增加参与感，还能够通过竞赛和互动环节让游客更好地记住茶文化的知识和海南的美景。对于喜欢购物的游客，路线中还可以安排茶叶及茶具的购物体验，将海南的特色茶产品带回家，延续这份独特的旅行记忆。

这条茶文化主题路线还可以通过与当地旅游企业、文化团体的合作，设计出不同层次和风格的旅游产品。比如，可以为时间充裕的游客设计一条深度游线路，涵盖茶文化的方方面面，从茶园到茶室，从茶艺到茶道，深入探访茶文化的每一个细节；也可以为时间有限的游客设计一条短途路线，选择几个最具代表性的茶文化景点，让他们在短时间内感受到茶文化的精髓。

在宣传推广方面，这条茶文化主题路线可以通过线上线下多渠道推广，吸引更多的游客前来体验。利用新媒体平台，如微信公众号、抖音、微博等，发布关于茶文化的短视频、旅游攻略和体验分享，形成一定的网络热度和话题讨论。此外，还可以举办茶文化节、茶文化展览等活动，邀请国内外茶文化爱好者、茶商和茶叶专家前来参加，进一步提升海南茶文化的知名度和影响力。

通过这一系列的规划和设计，海南的茶文化将不仅是停留在历史书页中的符号，而是活生生的体验，成为游客心中海南的一个重要标签。这条茶文化主题路线，将海南丰富的茶文化资源与现代旅游理念相结合，为游客提供一站式的茶文化体验之旅，让更多的人在感受海南自然之美的同时，也能深入了解和喜爱上这片土地上的茶文化，进而推动海南茶文化的传承与发展。

二、创新互动体验

在现代旅游项目的设计中，创新互动体验已成为提升游客满意度和增强旅游吸引力的关键因素之一。随着人们对旅游体验的期望日益提高，单纯的观光和静态展示已不足以满足游客的需求。为了更好地迎合这种变化，引入丰富的互动环节，尤其是与茶文化相关的活动，正成为一种趋势。这些互动体验不仅能够让游客深入了解茶文化，更能够通过动手参与的方式，让他们在享受旅游的同时，收获独特而难忘的体验。

茶艺工作坊是一种极具吸引力的互动形式。通过这种活动，游客可以亲自学习和体验茶艺的精髓。在茶艺师的指导下，游客能够掌握基本的茶道礼仪，了解不同种类茶叶的冲泡方法，体会每一个步骤背后的文化内涵。这种沉浸式的学习不仅能够提升游客对茶文化的理解，还能让他们在参与过程中获得成就感。茶艺工作坊的魅力在于它不仅是一种学习，更是一种心灵的修炼。通过这一过程，游客能够在优雅的茶道氛围中放松身心，感受传统文化的静谧与美好。许多游客在结束体验后，往往会对茶道产生更浓厚的兴趣，进而在日常生活中继续探索和实践。

茶叶 DIY 制作是另一种能够邀发游客浓厚兴趣的互动活动。这种活动不仅为游客提供了亲手制作茶叶制品的机会，还能够让他们了解茶叶的生产与加工过程。茶叶 DIY 制作通常从最基本的茶叶挑选开始，游客可以在专业人士的指导下，挑选自己喜欢的茶叶种类，然后进行烘焙、揉捻、干燥等步骤。整个过程既充满乐趣，又富有教育意义。游客能够在亲身实践中，感受到茶叶从生叶到成品的变化，这种体验往往比单纯的观光更加深刻且难忘。制作完成的茶叶制品不仅可以作为纪念品带回家，还可以与亲友分享，让这份体验得以延续和传递。

茶叶品鉴会则为游客提供了一个细品茶香、探究茶味的机会。在品鉴会上，专业的茶艺师会为游客介绍不同种类的茶叶，并详细讲解它们的产地、采摘方式、加工工艺及其独特的风味特点。通过对比品尝，游客能够感受到不同茶叶在口感、香气、色泽上的差异，进而培养出更加敏锐的味觉和嗅觉。这不仅是一种感官上的享受，更是一种知识的获取与文化的传承。在品鉴过程中，茶艺师还会介绍茶叶背后的历史故事和文化背景，使游客对茶文化有更全面的理解。这种活动通常氛围轻松愉快，同时又不失高雅，使得游客在娱乐的同时，收获了关于茶叶的丰富知识。

这些互动环节不仅提升了旅游项目的吸引力，还显著提高了游客的满意度和留存率。通过参与这些活动，游客能够更加深入地体验和感受茶文化，这种全方位的互动体验往往会使他们对旅游目的地产生更强的情感连接。同时，这些活动也为游客提供了一个放松身心、逃离日常生活压力的机会，使得整个旅游过程更具疗愈效果。对于旅游企业来说，这种创新的互动体验设计不仅能够吸引更多游客，还能通过口碑传播，进一步提升品牌知名度和市场竞争力。

在旅游项目中引入茶艺工作坊、茶叶 DIY 制作、茶叶品鉴会等互动环节，不仅能够丰富游客的体验内容，还能够提升他们对茶文化的兴趣和认知。这些活动不仅是简单的娱乐项目，更是文化传播和情感连接的桥梁。通过这种创新的互动体验，游客不仅带走了美好的回忆和实用的知识，还将这种文化体验延续到日常生活中，从而实现旅游项目的深远影响力。

第三节　茶文化旅游的市场推广

一、多渠道宣传

海南茶文化旅游项目的推广需要一个全面、深入且多维度的宣传策略，才能在竞争激烈的旅游市场中脱颖而出。在现代信息传播的环境中，单一渠道的宣传已经无法满足市场需求，因此，多渠道的市场推广成为必然选择。通过整合社交媒体、旅游网站以及传统媒体等多种渠道，可以最大化地提升海南茶文化旅游项目的知名度和吸引力，吸引更多的游客参与体验。

在社交媒体上，海南茶文化旅游项目可以通过创建引人入胜的内容来吸引广大用户的关注。社交媒体平台如微博、微信、抖音、快手等，是信息传播的强大工具。在这些平台上，海南的茶文化旅游项目可以通过发布精美的图片、短视频、图文并茂的故事以及互动性强的问答等多种形式，向用户展示海南茶文化的独特魅力。尤其是短视频的传播能力极强，通过拍摄茶园风光、茶艺表演、传统茶道等内容，能够生动地向观众传达茶文化的内涵与美感。同时，可以邀请知名博主、网红进行体验式宣传，通过他们广泛的粉丝群体，将海南茶文化旅游项目传播得更广。

旅游网站作为游客获取旅游信息的重要平台，也应当成为宣传的重点之一。通过在知名旅游网站如携程、途牛、马蜂窝等平台上推广海南的茶文化旅游项目，可以让潜在游客在规划行程时轻松地了解到这一特色旅游体验。在这些网站上，可以设置专门的茶文化旅游专题页面，详细介绍海南的茶园景点、茶文化活动、茶艺体验等内容。同时，通过与旅游网站的合作，可以推出优惠套餐或特价活动，吸引更多游客选择海南作为他们的旅行目的地。游客在浏览这些网站时，可以直接预订相关的旅游产品，极大地方便了他们的出行决策。

传统媒体的宣传在现代社会依然具有重要的影响力，尤其是在面对不同年龄层次和兴趣爱好的受众时。通过电视广告、报纸专栏、杂志文章等形式，海南的茶文化旅游项目可以覆盖那些可能不太活跃于社交媒体或旅游网站的群体。特别是在一些高端旅游杂志、生活类报刊上发表深入的茶文化专题报道，不仅能够提升项目的档次，还能引起文化爱好者和高端游客的兴趣。此外，通过与电视台合作，制作专题节目或纪录片，深入挖掘海南茶文化的历史背景、制作工艺和文化价值，将这些内容呈现给广大的电视观众，也可以有效提升项目的知名度。

跨媒体整合宣传也是一种极为有效的策略。通过将社交媒体、旅游网站和传统媒体的优势相结合，可以形成一个全方位、多层次的宣传网络。例如，可以在电视广告中引导观众关注相关的社交媒体账号或旅游网站，以获取更多的信息和优惠；在社交媒体上，可以通过发布有关海南茶文化的短视频或图片，吸引用户访问专门的旅游网站进行深入了解和预订；而在旅游网站上，则可以提供与社交媒体互动的功能，让游客在旅行结束后分享他们的体验，进一步扩大宣传效果。

海南的茶文化旅游项目还可以通过举办线下活动来加强宣传力度。通过组织茶文化节、茶艺比赛、茶道表演等活动，不仅能够吸引当地居民的参与，也能吸引外地游客前来观光体验。在活动中，借助媒体的报道和直播，形成现场与网络相结合的宣传模式，进一步扩大影响范围。此外，还可以考虑与其他地方的茶文化旅游项目进行合作，开展联合宣传，形成区域联动效应，吸引更多的国内外游客。

海南的茶文化旅游项目的宣传需要全方位、多渠道的综合运作。通过社交媒体、旅游网站、传统媒体的多维度结合，并辅以线下活动的实际体验，能够有效提升海南茶文化旅游项目的知名度和吸引力。在现代信息化的社会中，只有不断创新宣传手段，整合多方资源，才能让海南的茶文化旅游项目在国内外的旅游市场中独树一帜，成为游客心目中不可错过的旅游体验。

二、品牌合作

在海南这个拥有丰富自然资源和独特文化底蕴的岛屿上，茶文化作为其中一个重要的组成部分，正逐渐吸引着越来越多的关注。将海南的茶文化推广至更广泛的市场，吸引更多的游客和茶文化爱好者的关注，与知名品牌的合作无疑是一个重要的策略。通过与知名茶叶品牌和旅游品牌的联合推广，海南不仅可以提升自身的市场影响力，还能够在激烈的市场竞争中脱颖而出，创造出更为丰富和多样化的旅游体验。

海南作为中国重要的旅游目的地，得天独厚的自然环境为茶叶种植提供了优越的条件。近年来，随着茶文化的兴起，越来越多的游客希望深入了解当地的茶文化，并亲身体验这一文化的独特魅力。而通过与知名茶叶品牌的合作，海南可以将这一文化元素更加生动地展示在公众面前。知名茶叶品牌不仅拥有广泛的市场影响力，还具备丰富的品牌资源和营销经验，通过合作，海南可以借助这些优势将自己的茶文化推广至更广泛的市场。

合作的方式多种多样，可以通过品牌联合推出限量版的茶叶产品，结合海南特有的自然风味和知名茶叶品牌的高品质形象，将这一独特的茶文化推向市场。这些限量版茶叶不仅是商品，更是海南文化的象征，通过这种方式，消费者可以在品味茶香的同时，感受到来自海南的独特文化气息。此外，这种联合推出的产品还可以在知名茶叶品牌的专卖店、线上平台以及海南本地的旅游景点中进行销售，这将大大提升海南茶文化的曝光度。

品牌的联合推广不仅局限于产品的推出，更可以延伸至全方位的市场营销活动中。例如，海南可以与知名茶叶品牌共同策划茶文化主题的旅游线路，将茶园参观、茶艺表演、茶叶品鉴等活动融入旅游体验中。在这些旅游线路中，游客不仅可以领略海南的自然风光，还能深入了解茶叶的种植、制作过程，甚至亲身参与到茶叶的采摘和制作中。这种沉浸式的旅游体验不仅可以提升游客对海南茶文化的兴趣，还能增加他们对茶叶品牌的认同感，从而成为品牌的忠实粉丝。

除了与知名茶叶品牌的合作，海南还可以与旅游品牌展开深入的合作，进一步扩大其在旅游市场的影响力。知名旅游品牌通常拥有庞大的客户资源和完善的服务体系，通过与这些品牌的合作，海南可以将自己的茶文化旅游推广至更广泛的受众群体。旅游品牌可以利用其平台和资源，推出针对海南茶文化的专属旅游产品，将海南的茶文化旅游与其他热门旅游项目相结合，形成多元化的旅游体验。这种联合推广不仅可以增加海南的旅游收入，还能有效提升海南在国内外市场的知名度。

在合作过程中，海南还可以通过举办联合推广活动，吸引更多的媒体和公众的关注。比如，海南可以与知名茶叶品牌和旅游品牌共同举办大型的茶文化节，邀请国内外的茶文化爱好者、媒体记者以及旅游业界的代表参加。在活动中，通过茶叶展示、茶艺表演、茶文化讲座等形式，向公众展示海南茶文化的独特魅力。同时，这种活动还可以通过社交媒体平台进行全方位的宣传，进一步扩大活动的影响力。

海南茶文化的推广不仅是对海南旅游资源的扩展，更是对海南传统文化的传承与发扬。通过与知名茶叶品牌和旅游品牌的合作，海南可以将这一传统文化与现代市场需求相结合，创造出更加符合现代消费者需求的旅游产品。这不仅能够吸引更多的游客前来海南体验茶文化，还能为海南茶产业的发展注入新的动力。通过这种合作，海南可以在国内外市场上树立起独特的文化品牌形象，进一步提升其在全球茶文化领域的地位。

品牌合作是一种双赢的策略，通过与知名茶叶品牌和旅游品牌的合作，海南不仅可以扩大其在茶文化旅游市场的影响力，还能够为当地的经济发展带来新的增长点。这种合作方式不仅有助于海南茶文化的推广，还能促进旅游业的发展，提升海南在国内外市场的知名度和美誉度。

三、特色活动营销

在海南这片四季如春的土地上，茶文化自古以来便与自然环境紧密相连，形成了独具特色的风貌。为了进一步提升海南茶文化旅游的市场热度与知名度，策划和举办具有海南地方特色的茶文化活动无疑是一项至关重要的战略。通过这些活动，不仅可以吸引媒体的关注，也能引起公众的广泛兴趣，从而在更大范围内推广海南茶文化，使其焕发出新的活力。

在策划茶文化活动时，首先需要深刻理解茶文化的内涵。茶文化不仅是品茶的过程，更是一种生活方式和精神追求。因此，所有活动的设计都应围绕这一核心，力求让参与者在体验茶文化的同时，感受到茶艺背后的深厚文化底蕴。海南的茶叶种植历史悠久，气候条件得天独厚，造就了茶叶的独特风味和品质。利用这些天然优势，可以策划一系列形式多样、内容丰富的茶文化活动，让参与者不仅能够品味到海南茶的香醇，更能深入了解茶叶种植、加工、冲泡等各个环节，进而激发他们对茶文化的兴趣和热爱。

茶艺比赛是一种能够充分展示茶文化魅力的活动形式。比赛不仅可以考验茶艺师的技艺，也能通过观众的参与，将茶艺的美学价值传播给更广泛的人群。在比赛中，选手们通过各自的技艺展示，演绎茶艺的不同流派和风格，这不仅是一场技艺的比拼，更是一场文化的交流与碰撞。观众在欣赏茶艺表演的同时，也能感受到茶艺中蕴含的儒雅与宁静，进而对茶文化有更深的理解。茶艺比赛还可以邀请国内外知名的茶艺师和评委，以此提升比赛的专业性和影响力，吸引更多的茶艺爱好者和专业人士前来观赛和学习。

除了茶艺比赛，茶叶博览会则是另一种能够广泛吸引公众和媒体关注的活动形式。在博览会上，来自海南各地的茶叶品牌可以展示和推介各自的产品，让参观者在一个地方就能品尝到海南各地的特色茶叶。博览会不仅是展示产品的舞台，也是茶文化推广的绝佳平台。在这个平台上，茶叶生产商和消费者可以面对面交流，消费者可以深入了解茶叶的生产过程、品种特点以及如何冲泡出一杯好茶。与此同时，通过设置茶叶品鉴区、茶具展销区等，参观者还能体验从选茶、购茶到品茶的全过程。茶叶博览会还可以与旅游、文化等领域的展会结合，扩大活动的规模和影响力，吸引更多的游客和媒体前来报道。

为了进一步深化公众对茶文化的理解，还可以策划一系列茶文化讲座。这些讲座可以邀请茶学专家、茶艺师、文化学者等，从茶叶的历史、文化、艺术等多个角度，系统讲解茶文化的各个方面。通过这些讲座，参与者不仅可以学习到茶叶的基本知识，还能了解到茶文化与中国传统文化的紧密联系，感受到茶文化中蕴含的哲学思想和人文精神。讲座的内容可以根据不同的受众群体进行调整，如针对年轻人群，可以设置一些互动性强的内容，如茶道体验、茶艺入门等，吸引他们主动参与。在讲座结束后，可以安排茶艺表演或品茶环节，让参与者在理论与实践的结合中，更加深入地体会茶文化的魅力。

在这些活动的策划和举办过程中，媒体的参与与报道无疑是提升活动影响力的关键。通过邀请媒体记者对活动全程进行报道，或与当地电视台、电台合作，制作专题节目，对活动进行多方位、多角度的展示。与此同时，还可以充分利用新媒体平台，通过直播、短视频、社交媒体等多种形式，将活动的精彩瞬间传播给更广泛的受众。为了吸引更多的公众参与，可以在活动前进行广泛的宣传推广，通过线上线下多种渠道发布活动信息，营造活动的预热氛围。活动期间，可以设置一些互动环节，如有奖问答、抽奖等，增加活动的趣味性和参与感，吸引更多的公众关注和参与。

精心策划和组织这些茶文化活动，不仅可以丰富海南茶文化旅游的内容，还能进一步提升海南茶叶品牌的知名度和美誉度，使海南茶文化在国内外的茶叶市场上占据一席之地。这不仅有助于推动海南茶产业的发展，也能为海南的文化旅游增添新的亮点，为海南国际旅游岛的建设贡献力量。

第四节 茶文化旅游的可持续发展策略

一、生态保护

在开发茶文化旅游项目时，生态保护是至关重要的环节，既是对自然环境的尊重，也是确保茶文化旅游可持续发展的关键所在。茶园，作为茶文化旅游的重要载体，其生态环境的好坏直接关系到旅游项目的成败。因此，在项目开发过程中，必须将生态保护理念融入每一个环节，从而实现人与自然的和谐共生。

茶园的种植和管理方式对生态系统的影响十分显著。在传统的农业模式下，茶园可能会因为过度使用化肥、农药以及水资源的不合理利用，导致土壤退化、水体污染，甚至引发生物多样性的减少。为了避免这些问题，茶文化旅游项目应采用可持续的种植和管理方式，这不仅是对环境的保护，也为游客提供了更为健康、安全的茶叶产品。

茶园的规划与设计应充分考虑当地的自然环境特点，包括地形、气候、水资源等因素。科学合理的茶园规划能够有效减少对自然环境的破坏。例如，在山地茶园的开发中，应尽量保留原有的植被，避免大规模砍伐和开垦，从而减少水土流失的风险。同时，可以通过建设梯田茶园等方式，合理利用土地资源，保持土壤的稳定性和肥力。

可持续的种植方式要求在茶叶种植过程中减少对化学肥料和农药的依赖，转而采用有机肥料和生物防治手段。这不仅有助于保护土壤和水体免受污染，还能够促进茶树的健康生长，提高茶叶的品质。有机种植方式还可以通过增加土壤有机质含量，提高土壤的保水性和养分供应能力，从而增强茶园的生态稳定性。此外，生物多样性的保护也是可持续茶园管理的重要内容之一。通过在茶园内种植多样化的植物，如遮阴树、花卉等，能够为各种益虫、鸟类和其他野生动物提供栖息地，形成良好的生态系统。

在茶文化旅游项目的建设过程中，基础设施的开发同样需要注重生态保护。道路、茶园小屋、观景平台等设施的建设应尽量减少对自然景观的破坏，并考虑使用环保材料和节能技术。例如，茶园小屋可以采用当地的竹木等可再生材料建造，并配备太阳能、风能等可再生能源设施，从而减少对环境的影响。在道路设计中，应尽量避开生态敏感区域，如水源地、野生动物栖息地等，避免对这些区域的干扰。同时，在建设过程中要注意保护茶园内外的水源，避免因施工而造成水体污染。

对于茶园的日常管理，采用生态友好的方式也是实现可持续发展的重要途径。例如，水资源的合理利用是茶园管理中的重要一环。在干旱季节，通过使用滴灌、微喷灌等高效节水灌溉技术，可以有效减少水资源的浪费。此外，收集雨水并加以利用，也是节约水资源的有效手段。茶园的废弃物处理也需遵循生态原则，通过堆肥等方式将茶叶残渣、修剪的枝叶等有机废弃物转化为肥料，循环利用，实现零废弃物排放。

旅游活动的组织也应考虑对生态环境的影响。在茶文化旅游项目中，游客的活动方式应尽量减少对茶园生态系统的干扰。例如，在游客接待区和游览线路的设置上，应避免进入茶园的核心种植区，以保护茶树和土壤不受踩踏和破坏。此外，鼓励游客采取步行或使用环保交通工具，如电动车、自行车等，减少碳排放。为了进一步增强游客的生态保护意识，可以通过宣传教育和体验活动，让游客了解茶园生态系统的运行原理及其重要性，从而激发他们对自然环境的敬畏与保护之心。

在茶文化旅游项目的长期发展过程中，持续的生态监测与评估必不可少。通过定期监测土壤、水质、空气质量及生物多样性等指标，能够及时发现潜在的生态问题，并采取相应的补救措施。此外，定期开展茶园生态环境评估，可以帮助管理者了解现有措施的有效性，并根据实际情况调整管理策略，确保茶园的可持续发展。

　　茶文化旅游项目的发展必须以生态保护为前提，只有在尊重自然规律、维护生态平衡的基础上，才能实现茶文化的传承与创新。在这一过程中，可持续的种植和管理方式不仅是对自然环境的保护，更是对茶文化精神的发扬光大。通过科学规划、环保建设和生态友好的管理手段，可以打造出一个既能吸引游客、又能保护环境的茶文化旅游项目，实现人与自然的和谐共生，促进茶文化旅游的长期繁荣。

二、社区参与

　　社区参与是茶文化旅游项目成功的关键因素之一，通过激发当地社区的主动性和创造力，可以实现共建共享，促进茶文化旅游项目的可持续发展。社区是茶文化的传承者，也是旅游资源的重要组成部分。在茶文化旅游的发展过程中，社区不仅是文化的受益者，更应成为参与者和贡献者。通过加强社区与茶文化旅游项目之间的联系，可以为项目注入更多的活力和本地特色，同时为社区居民创造更多的经济和社会机会。

　　在茶文化旅游项目的规划和实施阶段，社区的参与能够确保项目更加符合本地的实际需求和文化背景。社区居民对当地的茶文化有着深刻的理解，他们的知识和经验是项目成功的重要保障。因此，项目团队应主动与社区居民沟通，倾听他们的意见和建议，将他们的智慧融入项目的设计和运营中去。通过这种方式，不仅可以增强项目的文化底蕴，还可以提高社区居民的归属感和自豪感，使他们在项目发展中找到自身的价值。

　　为了鼓励社区居民更积极地参与茶文化旅游项目，可以采取多种措施。通过培训和教育提升社区居民的技能，使他们能够在项目中承担更重要的角色。例如，提供茶叶种植、采摘、加工等方面的技术培训，或者教授旅游服务、导游、文化展示等相关技能。通过这些培训，社区居民不仅可以增加就业机会，还能够提升自身的职业素养和市场竞争力。此外，还可以通过设立社区合作社或集体经济组织，将居民的利益与项目的发展紧密结合起来，使他们能够分享项目发展的成果。

　　社区共建是茶文化旅游项目可持续发展的重要模式。在这一模式下，社区居民不仅是项目的参与者，还是决策过程中的重要一环。通过建立社区参与的机制，可以确保项目的决策过程公开透明，并且充分尊重社区的意见和需求。例如，在项目的规划阶段，可以通过社区会议、意见征集等方式，广泛听取居民的看法，确保项目符合社区的利益。同时，在项目的实施过程中，可以设立社区监督机构，对项目的进展进行跟踪和评估，确保项目按照预定的目标推进，避免可能出现的负面影响。

通过社区共建，不仅可以为茶文化旅游项目注入本地特色，还可以增强社区的凝聚力和社会资本。在共建的过程中，社区居民通过共同参与项目的发展，形成了更为紧密的社会网络和合作关系。这种合作不仅限于经济领域，还可以扩展到文化传承、环境保护等多个方面。例如，通过共同组织茶文化节、茶艺表演等活动，可以增强社区居民对茶文化的认同感和自豪感，同时也为游客提供更丰富的文化体验。这种双赢的局面使得茶文化旅游项目不仅能够带来经济收益，还能够为社区注入新的文化活力。

提高社区对茶文化旅游的支持和参与度还可以通过多种形式的激励机制来实现。例如，可以通过利益分配机制，将项目的部分收益返还给社区，用于公共设施的建设和社区福利的改善。这样，社区居民能够切实感受到茶文化旅游带来的好处，从而更加积极地支持和参与项目的发展。此外，还可以通过表彰和奖励的方式，鼓励那些在项目中表现突出的社区成员，使他们成为社区的榜样，带动更多的人参与到项目中来。

通过这些努力，茶文化旅游项目可以真正实现与社区的共赢发展。社区居民作为项目的参与者和受益者，不仅能够获得经济上的回报，还能够通过参与项目提高自身的社会地位和生活质量。而茶文化旅游项目则能够借助社区的力量，实现更加本土化和可持续的发展，形成独具特色的旅游品牌。

三、持续创新

海南的茶文化旅游项目在当今旅游市场中占据着重要的位置，为了在竞争日益激烈的环境中保持优势，持续创新成为今后发展的关键所在。创新不仅是对现有项目的优化，更是对未来趋势的预见和对游客需求的深刻理解。茶文化旅游项目的成功与否，往往取决于能否在变化中找到新的增长点，并持续保持项目的吸引力和活力。市场环境的变化是不可避免的，游客的需求和兴趣也在不断演变，因而，对茶文化旅游项目必须时刻保持敏锐，洞察市场的动态，预见未来的发展方向。

海南作为一个具有深厚茶文化底蕴的地区，在推广茶文化旅游时，要充分利用其独特的自然和人文资源，同时融入现代科技与创意，使传统与现代得以融合。海南的茶文化具有丰富的内涵，从种植、采摘到制作茶叶的整个过程，都蕴含着独特的文化价值和历史意义。然而，传统文化的传承与推广不能仅仅依赖于守旧，而需要在尊重传统的基础上，融入现代元素，创造出新的体验和价值。

在产品开发方面，海南的茶文化旅游可以与当下流行的健康养生理念相结合，推出以茶为主题的健康旅游路线。例如，设计茶文化与瑜伽、冥想相结合的养生体验，或者推出茶疗 SPA 服务，让游客在品茶之余，还能通过茶的自然疗效来放松身心。这种将茶文化与健康理念相结合的创新，不仅丰富了茶文化旅游的内容，还能满足现代游客对健康养生的需求。

市场的变化往往是不可预测的，旅游市场也随时可能出现新的趋势和方向。因此，茶文化旅游项目的管理者需要具备敏锐的市场洞察力和快速应对的能力。在开发新项目或优化现有项目时，注重数据的收集与分析，通过对游客行为和偏好的深入研究，及时调整和优化旅游项目的内容和形式。同时，利用社交媒体和网络平台，进行精准的市场推广和品牌建设，使海南的茶文化旅游项目能够广泛吸引国内外游客的关注。

在创新的过程中，也要注重传统文化的传承和可持续发展。茶文化是海南宝贵的非物质文化遗产，在推动旅游项目创新的同时，要确保这些传统文化能够得到有效的保护和传承。可以考虑与当地的茶农和传统手艺人合作，开发具有文化特色的手工艺品和纪念品，或者举办茶文化主题的节庆活动，吸引更多的游客参与到茶文化传承中来。这不仅能增加旅游项目的文化深度，还能为当地社区创造更多的经济效益，形成可持续发展的良性循环。

第九章　茶业在海南经济中的角色

本章深入探讨了茶产业在海南经济中所扮演的重要角色。首先，介绍了海南茶叶的生产现状与市场发展，揭示了茶叶产业在当地经济中的基础性作用。其次，分析了茶业对地方经济的贡献，展示了茶叶如何带动相关产业发展，并促进就业和增长收入。再次，探讨了海南茶叶的出口情况及其在国际市场上的地位，强调了海南茶叶在全球市场中的竞争力和潜力。最后，讨论了茶业与地方政策的互动，分析了政府政策如何影响茶产业的发展，并提出了优化政策支持的建议。

第一节　茶叶生产与市场发展

一、生产技术的进步

在过去的几年中，海南茶叶生产的技术水平取得了令人瞩目的进步。海南得天独厚的自然环境赋予了茶叶优良的生长条件，而技术的提升则进一步放大了这种优势。通过引进和采用先进的种植技术，海南茶叶的生产过程已经逐步摆脱了传统的低效模式，走向了现代化、科学化的轨道。如今，茶农不再依赖以往经验式的种植方法，而是通过科学的数据分析和技术手段，精确地掌控茶树的生长过程。从土壤的管理到水源的利用，再到病虫害的防治，每一个环节都在技术的推动下得到了优化。

先进的种植技术不仅体现在对土壤和水源的管理上，更渗透到茶树品种的改良和培育中。海南的茶农和科研人员通过深入的研究和实验，培育出了更加适应当地气候和土壤条件的优质茶树品种。这些新品种在抗病虫害、适应气候变化以及提升产量和品质等方面表现突出，极大地提高了茶叶生产的效率。此外，科学的种植方法和合理的耕作制度也为茶叶的稳定产出提供了保障。农民逐渐学会了根据不同品种的特性和季节变化，灵活调整种植计划和管理策略，从而确保茶叶的质量和产量始终处于高水平。

除了种植技术的进步，现代化的加工设备也是海南茶产业腾飞的关键因素。过去，茶叶的加工主要依赖手工操作，不仅效率低下，而且质量难以保证。如今，随着现代科技的发展，各种高效的加工设备被广泛应用于茶叶生产中。这些设备能够最大程度地保留茶叶的天然香气和营养成分，同时显著提高生产效率。比如，自动化的茶叶杀青机、揉捻机、干燥机等设备，能够在短时间内完成传统需要耗费大量人力和时间的工序，不仅提高了产量，还极大地减少了人工成本。

加工技术的现代化使得茶叶的品质更加稳定，外观、色泽、香气和滋味都达到了前所未有的高度。特别是在茶叶的发酵和干燥过程中，现代设备能够精准控制温度和湿度，从而避免传统手工操作中可能出现的失误。这不仅确保了每一批茶叶的质量均匀稳定，也使得海南茶叶在国内外市场上的竞争力大幅提升。随着加工技术的不断更新和完善，海南茶叶的市场需求逐年增加，销售渠道也从传统的线下市场扩展到电子商务平台，覆盖面更加广泛。

技术的进步不仅体现在种植和加工环节，还贯穿于茶叶产业链的各个方面。从茶园的管理到茶叶的包装，从市场的营销到品牌的推广，现代科技的应用无处不在。信息技术的普及使得茶农能够更方便地获取市场信息和技术指导，通过网络平台学习新的种植技术，了解市场需求，甚至直接与消费者进行互动和沟通。大数据和物联网技术的应用，使得茶叶生产的每一个环节都能够被精确监控和优化，从而进一步提高生产效率和产品质量。

海南茶叶生产技术的进步不仅带来了产业本身的发展，也为当地农民创造了更多的经济收益。在技术的支持下，茶农们的劳动强度大大降低，收入却显著增加。传统的茶叶生产需要投入大量的劳动力和时间，而现代化的种植和加工技术不仅节省了时间和人力成本，还提高了产量和质量，使得茶农的收益稳步上升。越来越多的农民在现代化技术的支持下走出了贫困，过上了更加富裕的生活。茶产业不仅改善了农民的生活水平，也促进了海南农村经济的整体发展。

海南茶叶生产技术的进步是多方面努力的结果。政府的政策支持，科研机构的技术创新，以及茶农们的积极学习和实践，都是推动这一进步的重要力量。在未来，随着技术的进一步发展和应用，海南茶叶的生产必将迈上一个新的台阶，为当地经济发展和农民增收做出更大的贡献。同时，海南茶叶作为中国茶产业的重要组成部分，也将在全球市场上发挥更加重要的作用。

二、市场需求的增长

随着现代社会对健康生活方式的日益重视，茶叶作为一种具有悠久历史的传统饮品，逐渐从生活的边缘走向了日常消费的中心。健康饮食观念的普及使得人们开始重新审视和珍视那些富含天然成分、对身体有益的食品和饮品。在这样的背景下，茶叶，尤其是那些以天然、无添加、品质优良著称的茶品，迅速得到了广大消费者的青睐。海南茶叶，凭借得天独厚的自然条件和优良的生产工艺，逐渐在茶叶市场中占据了一席之地。

市场需求的增长，必然会推动生产规模的扩大。随着越来越多的消费者认识到海南茶叶的独特价值，茶叶生产企业和农户纷纷加大了种植和生产的力度，茶叶种植面积和产量都呈现出显著的增长趋势。为了满足不断增长的市场需求，茶叶企业在生产工艺上也不断进行创新和改进，以确保茶叶品质的稳定和提升。同时，随着市场竞争的加剧，企业也更加注重品牌建设和市场推广，通过各种渠道扩大海南茶叶的市场影响力和知名度。这些举措不仅是为了提升销售，更是为了在激烈的市场竞争中占据优势地位。如五指山市水满乡 2023 年茶叶种植面积突破 1 万亩，茶青产量 380 吨，全产业链实现总产值约 1.6 亿元。白沙黎族自治县 2023 年全县茶叶种植面积 1.13 万亩，年产值 1.3 亿元；2024 年种植面积达 1.22 万亩，产值达 1.3 亿元。而海南全省的发展也较为迅速：1987 年，海南岛茶叶种植面积已达 10.74 万亩；20 世纪 90 年代初，全岛茶园面积达 12 万亩，年产干茶 8000 多吨；2021 年，海南岛生产茶叶 700 余吨。

市场需求的增长对海南茶业的发展起到了积极的推动作用。一方面，茶叶种植和生产规模的扩大，带动了当地经济的发展，增加了农民的收入，改善了他们的生活水平。另一方面，随着市场对高品质茶叶需求的增加，茶叶企业也逐渐意识到，只有不断提升产品质量和创新才能在市场中立于不败之地。这种良性循环推动了海南茶业的整体发展，使其在国内外市场上都占据了重要的地位。

三、品牌建设的成效

海南茶叶企业在品牌建设方面取得了显著的成效。在过去的几年中，海南茶叶企业意识到品牌的重要性，不仅产品的质量需要提升，品牌的知名度和美誉度也同样至关重要。通过一系列有针对性的营销策略和推广活动，海南茶叶品牌逐渐在国内外市场中崭露头角，并形成了鲜明的地方特色，从而显著增强了市场竞争力。

海南茶叶企业深知，在当前竞争激烈的市场环境中，仅依靠产品的原材料优势或是加工工艺已经不足以取得市场的主动权。消费者在选择茶叶时，不仅关注产品的品质，还非常重视品牌的文化内涵和其代表的生活方式。因此，海南茶叶企业在品牌建设过程中，注重将海南独特的地域文化融入其中，使其成为品牌的核心竞争力之一。

海南茶叶品牌在市场上逐渐形成了独具地方特色的品牌效应。这种品牌效应不仅体现在品牌的知名度上，还体现在消费者对品牌的信赖和忠诚度上。随着品牌建设的不断深入，海南茶叶逐渐从一个地方性产品发展为具有全国影响力的品牌，甚至在国际市场上赢得一席之地。这不仅提高了海南茶叶企业的市场占有率，还为地方经济的发展作出了积极贡献。

品牌建设的成功还帮助海南茶叶企业在激烈的市场竞争中建立了自己的竞争优势。通过品牌的力量，海南茶叶企业能够有效地与其他地区的茶叶品牌区分开来，使消费者在选择时能够迅速识别和联想到海南茶叶的独特品质和文化背景。品牌的知名度和美誉度直接影响着消费者的购买决策，品牌形象的提升使得海南茶叶产品在市场上更具吸引力。

在品牌建设过程中，海南茶叶企业不仅依靠传统的营销手段，还积极利用新兴的数字化营销工具。借助社交媒体平台和电子商务渠道，海南茶叶品牌可以更加便捷、高效地与消费者进行互动和沟通。企业利用数字化手段开展品牌宣传和推广活动，不仅能够节省成本，还能够更加精准地触达目标消费者群体，提升品牌的影响力和覆盖面。

第二节　茶业对地方经济的贡献

一、就业机会的创造

茶业的发展在海南的经济结构中扮演着至关重要的角色，不仅丰富了地方经济的多样性，还为广大的城乡居民，尤其是农村地区，带来了大量的就业机会。随着茶产业链的不断延伸和完善，从茶叶种植到加工、销售，每一个环节都成为劳动密集型的行业，这为大量劳动力的就业提供了广阔的空间。

在茶叶种植环节，海南得天独厚的气候条件使得茶叶的种植得以推广。茶树种植需要大量的人工投入，尤其是在种植初期，茶树的培育、维护、病虫害防治等方面都需要专业的劳动力。茶农们不仅要掌握茶树的生长习性，还要根据不同的季节、气候条件调整种植技术，这些技术性要求使得茶叶种植成为一项技能密集型工作。同时，茶叶的采摘工作对劳动力的需求大幅增加，尤其是在采茶季节，大量的农村劳动力能够通过采茶工作获得收入。这种季节性强的工作模式，使得农民可以根据茶叶的生长周期合理安排自己的农业生产和生活，最大限度地利用劳动力。

茶叶的加工环节同样是一个吸纳就业的关键领域。随着茶产业的发展，茶叶加工工艺的提升，现代化加工设备的引进，使得茶叶产品的种类越来越丰富。从传统的绿茶、红茶到现代的花茶、乌龙茶，茶叶加工厂的数量不断增加，规模也在逐年扩大。加工厂不仅需要大量的技术工人，还需要管理人员、物流人员等，这些岗位为当地居民提供了稳定的就业机会。尤其是对于那些因年龄或学历无法从事高技术含量工作的劳动力而言，茶叶加工行业的岗位恰好满足了他们的就业需求。此外，加工环节的不断精细化和现代化，要求工人具备一定的技术能力，这进一步推动了地方职业教育的发展。通过技能培训，更多的农村劳动力能够掌握茶叶加工的相关技能，从而更好地适应市场需求。

在茶叶的销售环节，海南茶业的发展不仅带动了传统的茶叶市场，也催生了新的营销模式。随着电子商务的发展，茶叶的线上销售成为一种新趋势。茶叶电商平台的崛起，促使地方企业开始重视品牌建设和市场推广，营销、策划、客户服务等岗位逐渐增多，吸引了大量年轻人的参与。茶叶的网络销售打破了地域的限制，使海南茶叶销往全国各地甚至海外市场，这种市场的扩大反过来又刺激了生产和加工环节的增长，进一步增加了就业机会。与此同时，线下的茶叶体验店、茶文化馆也应运而生，茶艺师、导购员等新兴职业为年轻一代提供了更多的就业选择。这些职业不仅是简单的销售岗位，还需要一定的茶文化知识和服务技能，随着消费者对茶文化认知的提升，这些岗位的专业性也在逐步提高。

茶产业的发展对海南农村经济的贡献尤为突出。在传统农业面临转型的背景下，茶业为农村劳动力提供了新的就业渠道，有效缓解了因传统农业衰退而导致的劳动力过剩问题。茶业的兴起，不仅使得大量农村劳动力可以在家门口就业，还减少了农村人口外流的现象，农村家庭的经济状况因此得到了明显改善。农村人口就地就业，带动了乡村基础设施的改善，促进了地方经济的可持续发展。同时，茶业的发展也带动了相关产业的兴起，如包装、运输、机械维修等行业的就业机会随之增加，形成了一个多层次、多元化的就业体系。

海南茶业的发展，不仅是地方经济的增长点，更是就业机会的创造者。随着茶叶种植、加工和销售各个环节的劳动力需求增加，茶业成为缓解农村劳动力过剩的重要途径。茶产业链的每一个环节，在为社会提供就业的同时，也在提升劳动力的素质和收入水平，从而推动海南地方经济的持续健康发展。在这个过程中，茶业不仅丰富了海南的经济结构，也为当地居民创造了稳定的就业环境，促进了社会的和谐与稳定。

二、农民收入的增加

茶叶作为中国传统农业的重要组成部分，一直以来在农村经济中占据着重要地位。随着现代农业技术的发展和市场需求的变化，茶叶生产不仅没有被边缘化，反而在新的时代背景下焕发出新的活力，成为推动农村经济发展的重要力量。茶叶生产技术的不断提高以及市场对高质量茶叶需求的持续增长，直接推动了茶农收入的显著增加，这一变化不仅影响了茶农的经济状况，也对农村整体的社会经济发展产生了深远影响。

茶叶生产技术的提升是茶农收入增加的关键因素之一。传统的茶叶种植和加工技术虽然有着深厚的历史积淀，但在效率和质量控制上仍存在许多不足。随着科技的发展，现代茶叶生产逐渐引入了科学的管理方法和先进的生产设备。例如，在种植环节，茶农们开始采用更加科学的栽培技术，如精确施肥、病虫害综合防治以及合理的修剪管理。这些技术的应用不仅提高了茶树的产量，也显著提升了茶叶的品质。此外，在茶叶的采摘和加工环节，越来越多的茶农开始使用现代化的机械设备，这不仅提高了生产效率，减少了人工成本，同时也确保了茶叶的加工质量，避免了传统手工操作中可能存在的质量不稳定问题。

市场需求的增加也是推动茶农收入增长的另一重要因素。随着人们生活水平的提高和对健康生活方式的追求，茶叶，特别是高品质的茶叶，逐渐成为市场上的热门商品。无论是绿茶、红茶还是乌龙茶，消费者对于茶叶的品质要求越来越高，这直接导致了市场上优质茶叶的价格逐步上涨。茶农们通过改良种植技术、优化品种和提高加工工艺，生产出符合市场需求的高品质茶叶，这些茶叶不仅在国内市场上受到了消费者的青睐，还出口到海外市场，获得了更为丰厚的利润。在一些茶叶主产区，茶叶已经不再是简单的农产品，而是当地经济的支柱产业，茶农的收入也因此得到了显著的提升。

茶农收入的增加直接改善了他们的生活水平。在过去，由于技术落后、市场信息闭塞，许多茶农只能依靠低价出售茶叶来维持生计，生活水平较为低下。而现在，随着收入的增加，茶农们的生活质量有了明显的提高。许多茶农开始改善住房条件，购买家电和其他生活用品，他们的子女也能够接受更好的教育，家庭的整体幸福感得到了显著提升。此外，茶农收入的增加也带动了当地农村经济的整体发展。茶农们有了更多的可支配收入，能够消费更多的商品和服务，这在一定程度上促进了当地的经济循环，推动了农村地区的商业发展。

随着茶农收入的增加，茶叶主产区的农村面貌也发生了深刻的变化。许多茶叶产区通过发展茶产业，逐渐摆脱了过去的贫困状况，农村基础设施得到了改善，农村经济也变得更加活跃。茶叶不仅为茶农带来了经济收益，也为当地的旅游业提供了新的发展机遇。越来越多的茶叶产区开始打造茶文化旅游项目，通过展示茶叶的种植、采摘和制作过程，吸引了大量游客前来参观和体验。这种"茶旅融合"的发展模式不仅进一步增加了茶农的收入，也为当地经济注入了新的活力。

三、相关产业的带动

茶产业的发展不仅促进了农业生产的升级，还对一系列相关产业产生了强大的带动作用，从而推动了整个区域经济的繁荣。茶叶作为一种经济作物，其生产过程从种植到销售涉及多个环节，而每一个环节都依赖不同的配套产业的支持和发展。这些相关产业不仅为茶叶的顺利生产和流通提供了保障，还在很大程度上拓展了经济的广度和深度，进一步加速了地区经济的全面发展。

茶叶的种植首先带动了农业技术和相关农业产业的发展。茶园的建设需要对土地进行选择和优化管理，同时也需要良好的灌溉系统、土壤肥力的保持和改良、病虫害的防治等。这些需求推动了农业科技的发展，催生了农业机械制造、农药和化肥生产等配套产业的兴起。这些产业的发展不仅提高了茶叶的产量和质量，还为其他农产品的种植和生产提供了先进的技术支持，从而带动了整个农业生产的现代化进程。

在茶叶的采摘和加工环节，同样依赖于大量相关产业的支持。茶叶的采摘多依靠人工，这就需要大量的劳动力。此外，随着茶叶采摘工艺的不断改进，机械化采摘设备的需求也在增加，这推动了农业机械制造业的进一步发展。在茶叶的加工环节，茶叶加工机械、设备制造业得到了极大的发展。不同种类的茶叶需要不同的加工工艺，这些工艺不仅要求特定的机械设备，还需要精细的技术支持，这催生了机械制造、电子技术、自动化控制等高新技术产业的发展。这些产业的发展不仅服务于茶叶生产，也逐渐渗透到其他工业生产领域，推动了地方工业的多元化发展。

包装产业作为茶叶销售的重要环节，也因茶产业的发展而迅速崛起。茶叶作为一种商品，包装不仅是为了保护茶叶的品质，更是为了提升其市场竞争力。精美的包装设计和环保材料的使用成为现代茶叶销售的一大亮点。茶叶包装产业的发展，不仅是简单的纸张、塑料和金属材料的生产加工，而是融入了设计、印刷、环保材料研发等多个方面。这些相关产业的发展，不仅提升了茶叶的附加值，也推动了包装设计和环保材料等新兴产业的发展，为地方经济打造新的增长点。

物流产业的兴起是茶产业带动效应中不可忽视的一环。茶叶作为一种精细的农产品，其运输过程对时间和条件要求极高，这就需要高效且可靠的物流体系支持。茶叶的销售不仅限于本地市场，还远销国内外，这使得物流产业成为连接产地与市场的重要纽带。为了满足茶叶销售的需求，地方物流网络得到了快速的发展，现代化的仓储设施、冷链运输、精准的配送服务等逐步建立起来。物流产业的发展不仅服务于茶叶，也提升了整个地区的物流服务水平，吸引了更多的产业进驻，从而加速了地方经济的发展。

市场营销是茶叶销售中不可或缺的部分，随着茶产业的发展，市场营销手段也在不断升级和创新。传统的销售模式已无法满足市场的需求，现代化的市场营销手段如电子商务、品牌营销、文化推广等应运而生。电子商务的发展为茶叶的销售开辟了新的渠道，使得茶叶能够直接面对全球消费者，减少了中间环节，提高了经济效益。品牌营销使得茶叶从普通农产品升级为具有文化内涵的高端产品，提升了茶叶的市场价值。文化推广则通过茶文化的传播，将茶叶与地方历史、文化紧密结合，增强了茶叶的文化属性和附加值。这些市场营销手段的发展，不仅为茶叶销售注入了新动力，也推动了广告设计、文化创意、互联网技术等相关产业的发展。

由此可见，茶产业的发展并非孤立存在，而是通过其广泛的产业链条，带动农业、机械制造、包装、物流、市场营销等多个相关产业的同步发展。这些产业的发展，不仅为茶叶的生产和销售提供了有力支持，还推动了地方经济的全面繁荣。在茶产业的带动下，地方经济结构逐步优化，产业布局更加合理，各产业之间形成了相互支撑、共同发展的良性循环体系。这种多元化的经济结构，不仅增强了地方经济的抗风险能力，也为未来的可持续发展奠定了坚实的基础。因此，茶产业的发展所带来的不仅是经济效益的提升，更是整个地方经济、社会、文化等多方面的协调发展和繁荣。

第三节　茶叶出口与国际市场

一、出口市场的拓展

海南茶叶的出口市场拓展可谓是一个充满挑战与机遇的过程。作为中国南方的一个重要茶叶产区，海南凭借其得天独厚的气候条件和丰富的自然资源，生产出了品质上乘的茶叶。然而，要让这种高品质的茶叶走出国门，在国际市场上占据一席之地，海南茶叶行业需要采取多方面的策略和措施。

在全球化的背景下，国际市场的开拓是一个系统性工程，需要在品牌推广、市场定位、产品质量、渠道建设等多个环节做出全面的部署。海南茶叶首先通过积极参加国际茶叶展会来增加其在国际市场上的曝光度。国际茶叶展会是各国茶叶生产商、经销商和消费者聚集的重要平台，在这样的场合展示海南茶叶不仅能够直接面对来自全球的潜在客户，还能与来自各国的茶叶专家和同行进行深度交流，从而获得市场趋势的最新信息，并找到合作伙伴。

在展会上，海南茶叶通常会通过设置精美的展台、提供茶艺表演和品茶体验等方式，向参会者展示海南茶叶的独特魅力。这些展会活动不仅吸引了大量茶叶爱好者，还让许多国际茶叶经销商对海南茶叶产生了浓厚的兴趣。通过展会，海南茶叶与国外经销商建立了初步的联系，并在此基础上逐步发展出稳定的合作关系。

参加展会只是开拓国际市场的第一步。为了让海南茶叶在国际市场上站稳脚跟，行业内的企业还必须通过一系列的后续工作来巩固和扩大市场份额。与国外经销商的合作就是其中的关键环节之一。海南茶叶企业通常会与茶叶进口商或分销商签订长期合作协议，通过他们的渠道网络将产品推向市场。在这个过程中，海南茶叶企业不仅要确保产品的质量和供应的稳定性，还要根据当地市场的需求，进行适当的产品调整和包装设计。

国际市场的消费者往往对茶叶有着不同于中国消费者的口味偏好，因此海南茶叶企业需要对目标市场进行深入的调研，了解当地消费者的喜好、消费习惯以及文化背景。基于这些信息，企业可以调整茶叶的加工方式，推出更符合国际市场需求的产品种类。同时，在包装设计上，也应注重融合当地的文化元素，使产品更具亲和力和吸引力。

随着市场的逐步拓展，海南茶叶在国际市场上赢得了一定的声誉。这种声誉的建立，除了依赖高品质的产品外，还需要通过有效的品牌推广来实现。海南茶叶企业开始意识到品牌的重要性，逐渐加大在品牌建设方面的投入。他们不仅通过广告、社交媒体等途径进行推广，还积极参与各类国际性评比和比赛，力求通过权威机构的认可来提升品牌的公信力和影响力。

在品牌建设的过程中，海南茶叶企业注重塑造茶叶的独特性，将其与海南的自然环境、传统文化以及健康理念紧密结合，打造出具有鲜明地方特色的品牌形象。这种品牌形象不仅能够吸引消费者的注意，还能在激烈的市场竞争中为海南茶叶赢得一席之地。

除了以上市场拓展策略，海南茶叶企业还积极推进产品的认证工作，力求通过国际有机认证、绿色食品认证等方式，增强产品的竞争力和市场认可度。这些认证不仅有助于提升产品的质量和环保形象，还能满足对食品安全要求严格的国际市场的准入条件，为企业进入这些市场铺平道路。

随着这些措施的逐步实施，海南茶叶在国际市场上赢得了良好的口碑，积累了稳定的客户群体。消费者不仅认可了海南茶叶的独特风味和高品质，还对其背后的文化内涵和品牌故事产生了兴趣。这种情感上的连接，使得海南茶叶在国际市场上不仅是作为一种商品而存在，更是一种文化的象征。

二、出口产品的多样化

海南茶叶企业在国际市场上取得的成功，离不开其产品多样化的发展策略。随着全球消费者对茶叶品质、种类和功效的要求日益提高，海南茶叶企业不断拓宽产品线，不仅在传统茶叶类上精耕细作，更积极探索创新，通过推出多样化的产品来满足不同文化背景、口味偏好和健康需求的消费者。

在海南，绿茶和红茶作为传统的茶叶品种，已经拥有了深厚的历史和广泛的市场基础。然而，随着消费者对茶叶产品要求的不断提升，单一的绿茶和红茶已经无法满足全球多样化的市场需求。为了在国际市场上保持竞争力，海南茶叶企业开始着手丰富产品种类，以迎合不同国家和地区消费者的独特需求。

在传统茶类基础上，花茶逐渐成为海南茶叶出口产品中的重要一环。花茶以其独特的香气和丰富的口感在国际市场上广受欢迎，尤其是在西方市场，花茶因其独特的口味成为时尚饮品。海南茶叶企业结合本地丰富的花卉资源，推出了多种花茶产品，如茉莉花茶、玫瑰花茶、菊花茶等，这些茶品不仅保留了茶叶的传统风味，还融合了花香的怡人气息，使其在国际市场上具有独特的竞争优势。通过将茶叶与花卉巧妙结合，海南茶叶企业不仅丰富了产品种类，还提升了茶叶的附加值，满足了消费者对新奇口感和健康饮品的双重追求。

除了花茶，海南茶叶企业还积极开发保健茶系列，以满足全球消费者日益增长的健康需求。海南茶叶企业通过科学的研发和创新，将多种药食同源的植物与茶叶结合，推出了如养生茶、降脂茶、助眠茶等保健茶品类。这些茶品在配方上不仅注重口感的调和，更注重健康功效的体现，如促进消化、调节血脂、缓解压力等，深受那些追求健康生活方式的消费者喜爱。保健茶的推出，不仅拓宽了海南茶叶企业的产品线，还使其在国际市场上展现出了强大的生命力和市场适应性。

海南茶叶企业在产品多样化方面的努力不仅体现在产品种类的丰富上，还体现在产品品质的提升和品牌形象的塑造上。为了确保产品的高品质，海南茶叶企业在茶叶的种植、采摘、加工等环节都严格把控，确保每一片茶叶都达到国际市场的高标准。特别是在出口市场，海南茶叶企业更是通过获取国际有机认证、绿色食品认证等方式，增强了产品在国际市场上的竞争力。此外，海南茶叶企业还注重品牌建设，通过积极参加国际展会、举办品鉴会等活动，提升品牌在国际市场上的知名度和美誉度，从而为产品的多样化发展提供了有力的支撑。

三、国际合作的加强

海南茶叶企业在全球化的浪潮中，不断寻求与国际科研机构和茶叶企业的深度合作，以提升自身的生产技术和质量标准。这种国际合作不仅为海南茶叶企业带来了技术上的进步和创新，还推动了海南茶叶产品更好地融入国际市场，适应不断变化的市场需求，提高了其在全球市场上的竞争力。

国际合作的深化为海南茶叶产业带来了多重益处。第一，国际科研机构和茶叶企业通常拥有先进的技术和管理经验，这些资源对于海南茶叶企业来说是宝贵的。在与这些国际合作伙伴的互动中，海南茶叶企业能够接触到最新的茶叶生产技术，如精准农业、智能化种植管理系统以及先进的加工技术。这些技术的引入和应用，不仅提高了茶叶的产量和质量，还优化了生产流程，降低了生产成本，使得海南茶叶在国际市场上更具竞争力。

第二，通过国际合作，海南茶叶企业还能够参与到全球科研项目中，开展联合研究。这种合作不仅限于技术的引进，还涉及科研人员的互访、培训和技术经验的分享。例如，一些国际科研机构和企业会派遣专家团队到海南，与当地的科研人员和农户共同研究如何应对茶叶种植过程中的病虫害问题，如何改善土壤条件以提高茶叶的品质。这些研究成果不仅直接应用于海南茶叶的生产中，还能够在全球范围内推广，形成广泛的影响力。

第三，国际合作还帮助海南茶叶企业更好地了解和适应国际市场的标准和需求。全球茶叶市场竞争激烈，各国对于茶叶的质量、卫生、安全等方面都有严格的标准和法规。通过与国际企业和机构的合作，海南茶叶企业能够及时掌握这些标准的变化，并迅速做出调整。例如，欧洲市场对于农药残留的限制非常严格，通过与欧洲科研机构的合作，海南茶叶企业可以研究并采用更环保的种植方式，减少农药的使用，从而满足欧盟市场的要求。这种对国际标准的快速适应能力，显著提升了海南茶叶在全球市场的竞争力。

第四，国际合作还为海南茶叶企业带来了品牌提升的机会。国际市场上的消费者对产品的原产地、质量和品牌非常关注。通过与国际知名茶叶企业和科研机构合作，海南茶叶企业能够树立更高的品牌形象。这种合作不仅限于技术和标准的提升，还包括品牌推广和市场营销策略的共享。例如，一些国际合作伙伴会帮助海南茶叶企业在欧美市场进行品牌推广活动，利用其在当地的市场影响力和销售网络，推动海南茶叶产品更快地拓展欧美市场，扩大其国际影响力。

第五，国际合作还促进了海南茶叶企业在可持续发展方面的进步。全球范围内对环境保护和可持续发展的关注日益增加，茶叶产业也不例外。通过与国际科研机构和企业的合作，海南茶叶企业可以学习到先进的可持续发展技术和理念，如有机种植、节水灌溉技术、生态农业等。这些技术和理念的引入，不仅帮助海南茶叶企业在环保方面做出了贡献，还提升了其产品在国际市场上的竞争力。

第六，国际合作的另一重要成果是人才的培养。通过与国际科研机构和茶叶企业的合作，海南茶叶企业的员工有机会接受国际化的培训和教育。这种培训不仅包括技术层面的学习，还包括管理理念、市场营销策略等方面的内容。例如，一些海南茶叶企业会派遣员工到国际合作伙伴的企业中进行实地学习，深入了解其先进的管理模式和市场运营方式。这种国际化的培训和学习，极大地提高了海南茶叶企业的人才素质，为企业的长远发展奠定了坚实的基础。

第四节　茶业与地方政策的支持

一、政策支持的力度

海南作为中国南方的重要省份，其独特的地理环境和气候条件为茶叶的种植和生产提供了得天独厚的优势。为了充分发挥这一优势，推动茶叶产业的发展，海南地方政府近年来制定并实施了一系列强有力的政策措施。这些政策不仅涵盖了茶叶生产的各个环节，还通过多方位的支持，为整个茶业链条的发展创造了良好的条件。这一系列政策的出台和执行，展现了政府对茶产业的高度重视，也为海南茶叶在国内外市场上的崛起奠定了坚实的基础。

在茶叶种植方面，海南地方政府提供了多种形式的补贴，以激励农户扩大茶叶种植面积，提升茶叶产量。这些补贴不仅帮助农民降低了种植成本，还鼓励他们采用先进的农业技术和优良的茶叶品种，从而提高了茶叶的品质。政府在茶叶种植补贴上的投入，既体现了对茶农的关怀，也反映了政府希望通过茶叶产业带动地方经济发展的决心。随着这些政策的深入实施，越来越多的农户加入到茶叶种植的行列中，茶叶种植面积逐年扩大，海南的茶叶产量和质量也得到了显著提高。

为了确保茶叶产业的可持续发展，海南地方政府还非常重视对茶农和茶叶生产者的技术培训。通过组织各种形式的培训班、技术讲座和现场示范，让茶农掌握现代化的种植技术和管理方法，提高他们的种植水平和生产效率。这些技术培训不仅涉及茶叶种植的基础知识，还包括病虫害防治、土壤管理、水资源利用等方面的内容。此外，政府还邀请了茶叶领域的专家学者，为茶农提供技术指导和咨询服务，帮助他们解决生产过程中遇到的各种问题。在政府的推动下，海南茶农的技术水平得到了显著提高，茶叶的产量和质量也随之提升。

市场推广是茶叶产业发展过程中不可或缺的一环。海南地方政府深知，仅靠优质的茶叶产品还不足以占领市场，必须通过有效的市场推广策略，让更多的消费者了解和认可海南茶叶。为此，政府积极参与和组织各类茶叶展销会、博览会和推介会，展示海南茶叶的独特风味和优良品质。同时，利用互联网和社交媒体平台，开展全方位的宣传推广活动，提升海南茶叶的品牌影响力。为了拓展海外市场，海南省政府还组织企业参加国际茶叶展览，推动海南茶叶走向世界。在政府的支持下，海南茶叶逐渐赢得了国内外消费者的青睐，市场占有率稳步提升。

海南地方政府在茶叶产业发展过程中，展现出高度的战略眼光和强大的执行力。政府的政策支持不仅体现在经济上的投入，还体现在对茶叶产业全链条的系统性扶持。通过一系列行之有效的措施，政府成功地将茶叶产业打造成海南经济发展的新引擎，为地方经济的发展注入了新的活力。

政府的政策支持还促进了海南茶叶产业的现代化进程。通过引导和支持茶叶生产企业进行技术改造和设备升级，推动了茶叶生产的机械化和自动化。这不仅提高了茶叶的生产效率，还降低了生产成本，提升了产品的市场竞争力。同时，政府还鼓励茶叶企业加强科研投入，开展新品种、新工艺的研发，提升茶叶的附加值。随着这些政策的实施，海南的茶叶产业逐渐从传统的农业生产向现代化、规模化、科技化方向转型，走上了一条可持续发展的道路。

二、环保政策的实施

在当今全球环境问题日益突出的背景下，海南省政府采取了一系列有力的措施来保护其独特的生态环境。作为中国最南端的省份，海南拥有得天独厚的自然条件和丰富的生态资源，尤其以茶叶种植著称。然而，随着经济的发展和农业的扩张，环境压力日益增大，土壤退化、水资源短缺、生物多样性减少等问题逐渐显现。为了应对这些挑战，海南省政府意识到必须在保护生态环境的前提下，探索经济发展的可持续路径。基于这一认识，政府开始推行一系列环保政策，重点推动有机种植和可持续发展的农业模式，尤其是在茶叶种植领域，这些政策起到了显著的效果。

海南的环保政策首先体现为严格的环保标准和法律法规的制定与执行。政府通过一系列法律文件，对农业用地、化肥和农药的使用做出了严格规定，要求农民在生产过程中减少对化学品的依赖，转而采用有机肥料和生物防治措施。这种政策引导茶农逐渐摆脱传统的高投入、高污染的种植模式，转向更加环保、更加健康的生产方式。通过这些政策的推行，海南的土壤质量得到了有效保护，水体污染问题也得到了显著改善，整个生态系统趋于平衡和稳定。

为了更好地推动环保政策的落实，海南省政府还采取了多种激励措施，鼓励茶农积极参与有机种植。政府通过财政补贴、税收优惠以及技术支持等方式，减轻了农民的经济负担，提高了他们的种植积极性。例如，政府为有机茶园的建立提供资金支持，帮助茶农购买有机肥料和环保设备，并通过技术培训提升农民的种植水平。此外，政府还与科研机构合作，推广先进的有机种植技术，帮助农民解决在生产中遇到的困难，确保他们能够顺利过渡到有机种植模式。

这些环保政策的实施不仅保护了海南的生态环境，也带来了显著的经济效益。首先，随着有机种植模式的推广，海南的茶叶品质得到了大幅提升。由于有机茶叶在种植过程中不使用化学农药和化肥，因此其口感更为纯正，营养成分更加丰富。优质的有机茶叶在市场上具有更高的竞争力，价格也相对较高，为茶农带来了更高的经济回报。其次，环保政策的实施提高了海南茶叶的品牌价值，塑造了绿色、健康的品牌形象，吸引了更多的国内外消费者。此外，由于有机茶叶的生产过程符合国际环保标准，海南茶叶也逐渐打开了国际市场的大门，成为出口创汇的重要产品。

环保政策的推行还促进了茶叶种植的可持续发展。通过推广有机种植，海南的茶叶产业逐渐形成了环境友好型的发展模式，实现了经济效益与生态效益的双赢。茶农在追求经济利益的同时，也更加注重保护自然资源和生态环境，避免了传统农业中常见的资源过度开发和环境污染问题。长期来看，这种可持续发展的模式不仅有利于保持农业生产的稳定性，还为子孙后代保留了珍贵的自然资源，具有深远的社会意义。

环保政策的实施还带动了相关产业的发展。随着有机茶叶市场需求的增加，海南的农产品加工、包装、物流等产业也随之发展壮大，为当地经济注入了新的活力。同时，茶文化旅游也成为新的经济增长点，越来越多的游客慕名前来体验有机茶园，了解有机种植的理念和技术。这种生态旅游模式不仅丰富了海南的旅游资源，也为农民提供了更多的收入来源，进一步推动了当地经济的发展。

三、政策与市场的协调

在茶叶产业的发展过程中，地方政府的角色至关重要，他们不仅是政策的制定者，更是市场发展的引导者和推动者。政府在制定茶业相关政策时，充分认识到政策与市场之间的紧密关系，以及两者之间的良性互动对茶叶产业长远发展的关键性作用。因此，在政策的制定和实施过程中，地方政府采取了一系列措施，力求在保障茶农利益的同时，促进茶叶市场的健康、持续发展。

地方政府首先需要对茶叶市场进行全面而深入的调研，了解市场需求的变化趋势、消费者的偏好、茶叶品种的受欢迎程度等各个方面的信息。这种调研不仅限于对国内市场的分析，还包括对国际市场的考察，尤其是对茶叶出口的重要目标市场的研究。通过广泛的市场调研，地方政府能够更加精准地把握市场的脉搏，了解哪些茶叶品种在市场上更受欢迎，哪些加工工艺更符合消费者的口味和需求，从而制定出更加科学合理的政策来促进茶叶生产和销售。

在调研市场需求的同时，地方政府还注重与茶农的实际情况相结合。茶农是茶叶产业的根基，他们的生产方式、种植规模、技术水平等都直接影响茶叶的质量和市场竞争力。因此，政府在制定政策时，会充分考虑到茶农的实际需求和面临的困难。例如，在推广新技术、新品种时，政府会提供相应的培训和技术支持，帮助茶农提高生产效率和产品质量。在面临市场价格波动时，政府还会通过价格补贴、保险机制等手段来稳定茶农的收入，减轻他们的经营压力。

通过这种对市场需求和茶农实际情况的双重调研，地方政府制定的政策更具针对性和实效性。政府的政策不仅在战略层面上引导着茶叶产业的发展方向，更在具体操作层面上提供了实质性的支持和保障。这种政策与市场的协调使得茶叶产业在发展过程中能够更好地适应市场变化，从而保持稳步增长。

地方政府还注重政策的灵活性和可调整性。在政策实施过程中，政府会根据市场的反馈和茶农的意见，不断调整和优化政策内容，以确保政策始终能够满足市场和生产的实际需求。例如，当某种茶叶品种在市场上表现不佳时，政府会迅速调整对该品种的扶持政策，转而推广更具市场潜力的品种；当茶农反映某项政策在执行过程中遇到困难时，政府会及时进行政策调整，简化程序或增加配套措施，以帮助茶农更好地贯彻政策。

在政策的制定和实施过程中，地方政府还积极促进茶叶产业链的全方位发展。政府不仅关注茶叶的种植和初加工环节，还注重茶叶的深加工、品牌建设和市场营销。通过政策引导，政府鼓励企业和茶农合作，推动茶叶产业向高附加值的方向发展。例如，政府会支持茶叶企业进行品牌建设，推广茶文化，提升茶叶产品的附加值；同时，还会帮助茶农拓宽销售渠道，利用电商平台扩大市场覆盖面，从而增强茶叶产品的市场竞争力。

在这种政策与市场协调互动的推动下，茶叶产业形成了一个良性发展的生态系统。茶农在政府政策的支持下，能够更加专注于提高产品质量和产量，从而获得更高的经济收益；企业在市场需求的引导下，通过创新和品牌建设，提高了市场占有率和产品附加值；而市场则通过竞争和需求导向，推动整个产业不断进步和升级。

第十章　海南茶艺教育的未来展望

本章作为全书的总结与展望，旨在回顾海南茶艺教育的发展历程，并对其未来进行展望。通过对海南茶艺教育现状的分析，我们将探讨未来的发展方向和潜在的创新路径。同时，本章还将提出对茶艺教育者的具体建议与启示，帮助他们更好地应对挑战，推动茶艺教育的进步。无论是在教学方法、课程设计，还是在文化传播与国际交流方面，本章都将提供有益的参考与指导，期望为海南茶艺教育的可持续发展贡献一份力量。

第一节　海南茶艺教育的发展趋势

一、整合传统与现代

在未来的海南茶艺教育发展中，整合传统与现代的策略显得尤为重要，这不仅是对海南茶文化的传承和弘扬，更是对现代教育模式的创新与拓展。随着科技飞速发展，单纯依赖传统方式已经不足以满足学生全面发展的需求，因此，茶艺教育中如何将传统文化与现代科技相结合，成为提升教育质量和效果的关键。

海南茶文化历史悠久，技艺丰富，其蕴含的文化内涵值得被更广泛地传播和传承。未来的海南茶艺教育必须在传承传统文化方面加大力度，通过系统的教育和培训，帮助学生深入理解茶文化的历史渊源和技艺精髓。这不仅是对茶艺的学习，更是对茶文化精神的感悟与传承。教育者可以通过引入经典的茶文化著作、组织茶文化相关的研讨会和文化交流活动，帮助学生更好地理解和掌握茶文化的精髓。此外，茶艺表演、茶文化展览等活动也可以作为教育的重要组成部分，通过实践的方式让学生更直观地感受传统茶文化的魅力。

在传承传统文化的同时，现代科技的应用为茶艺教育带来了新的活力。虚拟现实技术的引入可以将学生带入一个更加真实的茶文化环境中，让他们仿佛置身于古老的茶园或茶馆，亲身体验传统的制茶工艺和茶艺表演。这种身临其境的学习方式不仅可以加深学生对茶文化的理解，还能激发他们的学习兴趣。此外，在线学习平台的使用可以打破时间和空间的限制，使学生可以随时随地学习茶艺知识。教师可以通过录制视频课程、组织线上讨论和互动，帮助学生更好地掌握茶艺技艺和文化知识。这种线上线下相结合的教学模式，不仅提高了学习的灵活性和便捷性，也为更多的人提供了学习茶艺的机会，推动了茶文化的普及和传播。

未来的茶艺教育还应注重跨领域的融合，以丰富教育内容和提高教育效果。茶艺不仅是一门技艺，更是一种生活方式和文化表达。因此，茶艺教育可以与艺术、健康、旅游等领域相结合，形成跨学科的综合课程。例如，将茶艺与艺术结合，学生可以通过学习茶具设计、茶席布置等内容，提升自己的审美能力和艺术素养。将茶艺与健康结合，学生可以了解茶叶的保健功效、茶疗的基本知识，从而更好地将茶文化融入健康生活方式中。将茶艺与旅游结合，学生可以学习如何将茶文化融入旅游体验中，通过茶文化体验项目吸引更多的游客，促进文化旅游的发展。这种跨学科的教育模式，不仅可以拓宽学生的知识面，提升他们的综合素质，还能为他们未来的发展提供更多的可能性。

在海南茶艺教育的未来发展中，整合传统与现代不仅是为了更好地传承和弘扬茶文化，更是为了适应现代社会的需要，培养出具备传统文化素养和现代科技技能的综合型人才。教育者在教学过程中，既要注重传统文化的传承，让学生深刻理解茶文化的内涵和价值，又要积极引入现代科技手段，使教学更加生动、便捷和高效。同时，跨领域的融合将为茶艺教育注入更多的创意和可能性，使其成为一门更加丰富和多元的学科。通过这些努力，海南茶艺教育将不仅是传统文化的传承者，更将成为现代文化创新的重要推动力量，为社会培养出一批具有深厚文化底蕴和创新精神的茶艺人才。

二、国际化发展

海南茶艺作为中国传统文化的重要组成部分，其国际化发展具有重要的战略意义。近年来，随着全球化进程的加快，文化交流日益频繁，海南茶艺在国际舞台上的影响力也逐步提升。然而，要真正实现海南茶艺的国际化发展，不仅需要加强国际交流与合作，还需在多语言教学和全球推广方面做出积极努力，以全面提升其在全球范围内的认知度和接受度。

国际交流与合作是海南茶艺国际化发展的关键。通过与国际茶文化机构和教育机构的深入合作，海南茶艺能够借助国际平台扩大其影响力。例如，可以与世界知名的茶文化组织建立合作关系，邀请海外专家学者来海南进行学术交流，共同探讨茶艺的传承与创新。与此同时，海南还可以积极举办国际茶艺交流活动，这些活动不仅可以展示海南茶艺的独特魅力，还能吸引来自世界各地的茶艺爱好者和专业人士前来参与。在这样的交流过程中，海南茶艺不仅能够展示自身的文化底蕴，还能吸收其他国家和地区的茶文化精髓，从而实现文化的互鉴与共融。

在国际合作的过程中，多语言教学资源的开发是必不可少的。语言是文化传播的重要载体，海南茶艺要想在国际市场上占有一席之地，必须克服语言障碍。为此，海南应当开发系统的多语言茶艺教学资源，包括教材、课程视频、教学指南等，以满足不同国家和地区学生的学习需求。这些教学资源不仅应涵盖茶艺的基础知识和技能，还应融入海南独特的茶文化背景和历史传承。此外，海南可以与国外高校和语言培训机构合作，开设专门的茶艺课程，为国际学生提供学习海南茶艺的机会。这不仅有助于海南茶艺的国际传播，也能够培养出一批对海南茶文化有深刻理解的国际人才，他们将在国际舞台上扮演文化使者的角色，进一步推动海南茶艺的全球影响力。

为了全面实现海南茶艺的国际化发展，全球推广也是不可或缺的一环。海南可以利用国际博览会、文化节等大型活动平台，积极推广其茶艺文化。通过在这些活动中设立专门的海南茶艺展示区，观众可以现场体验到海南茶艺的独特魅力，从而提升对海南茶文化的认知和兴趣。此外，海南还可以邀请国际媒体对其茶艺活动进行报道，借助这些媒体的全球影响力，将海南茶艺推荐给国际观众。在这些推广活动中，海南不仅要展示其传统的茶艺技艺，还应当树立其国际茶文化品牌的形象，可以通过设计独特的品牌标识、发布多语言宣传资料、拍摄国际化的宣传视频等方式来实现。通过这样的品牌塑造，海南茶艺不仅能够在国际市场上占有一席之地，还能够在激烈的国际竞争中脱颖而出，成为全球茶文化领域的重要代表之一。

在国际化发展过程中，海南茶艺还可以借鉴其他成功的文化推广经验。例如，可以学习其他国家茶道在全球范围内的推广策略，通过设立海外茶艺中心、举办国际化的茶艺比赛等方式，进一步提升海南茶艺的国际影响力。此外，海南还可以通过与国际知名品牌的合作，推出联名产品，将茶艺文化与现代生活方式相结合，从而吸引更多年轻消费者的关注。

海南茶艺的国际化发展是一个复杂而长期的过程，它不仅需要在国际交流与合作、多语言教学、全球推广等方面下功夫，还需要不断创新和探索，以适应国际市场的变化和需求。只有通过全方位的努力，海南茶艺才能真正走向世界，成为全球茶文化中的重要一环。

三、本土特色的深化

海南，作为中国南海上的一颗璀璨明珠，不仅以其优美的自然风光和宜人的气候闻名于世，还拥有深厚的文化底蕴和丰富的物产资源。在这片充满生机与活力的土地上，茶文化作为海南本土文化的重要组成部分，正在被重新挖掘和推广。通过将区域文化与现代教育相结合，海南独特的茶文化得以深化并在更广泛的范围内传播。

海南茶文化的独特性源于其独特的地理位置和气候条件。海南四季如春，雨量充沛，土壤肥沃，这些得天独厚的自然条件使得海南成为茶叶生长的理想之地。长期以来，海南的茶叶种植业在本地农民的精心耕作下逐渐发展，形成了独具特色的茶叶品种和茶文化。然而，随着现代化的进程，传统的茶文化在一定程度上面临着被忽视和遗忘的危机。因此，深入挖掘和推广海南本土茶文化特色，成为传承和发扬海南地域文化的关键步骤。

在区域文化的挖掘过程中，海南独特的茶文化被赋予了新的生命力。这不仅是对传统文化的简单复兴，更是通过现代化的手段，将海南茶文化融入现代生活的方方面面。为了达到这一目标，打造具有海南地域特色的茶艺课程和品牌成为重要的途径。在课程的设计上，不仅要注重理论知识的传授，更要结合海南特有的茶叶种植和制作工艺，让学习者通过实际操作，深入理解和掌握茶文化的精髓。同时，在品牌推广方面，海南茶文化品牌不仅要在本地推广，还应放眼全国乃至全球，通过现代化的营销手段，将海南茶文化推广到更广泛的市场中去。

充分利用本地资源是推广海南茶文化的又一重要途径。海南丰富的茶叶资源为茶文化的传播提供了坚实的物质基础。通过开展实地教学和茶园体验活动，学生不仅可以学习茶叶种植和制作的理论知识，更能亲身参与到茶叶的种植和采摘过程中。这种沉浸式的学习方式，不仅加深了学生对茶文化的理解，还激发了他们对传统文化的兴趣和热情。茶园体验活动不仅限于学生，任何对茶文化感兴趣的人都可以参与其中。在茶园中，参与者可以感受到大自然的气息，了解茶树的生长过程，亲手采摘新鲜的茶叶，并在茶艺师的指导下，学习如何将这些茶叶制作成香气四溢的成品茶。通过这样的实践活动，茶文化不再是抽象的概念，而是通过每一次的实际操作变得更加鲜活生动。

茶文化的推广和传承并不仅限于课堂和茶园，社区的参与也是茶文化深化的重要环节。将茶艺教育引入社区，是让更多本地居民了解和参与茶文化的有效途径。在社区活动和工作坊中，茶艺师可以向居民们传授茶艺的基本知识和技巧，展示如何通过简单的工具和方法泡制出一杯清香的茶水。与此同时，这些活动也提供了一个平台，可以让居民相互交流，共同分享他们对茶文化的热爱与心得。在这种轻松愉快的氛围中，茶文化不仅成为居民日常生活的一部分，还促进了社区的文化建设和人际关系的和谐。

通过社区的广泛参与，茶文化不再是少数人的专利，而是全民共享的文化财富。社区活动和工作坊的开展，使得茶文化以一种更加亲民和易于接受的方式渗透到居民的日常生活中。这不仅丰富了社区居民的文化生活，也增强了他们对本土文化的认同感和自豪感。在这种全民参与的良好氛围中，茶文化不再只是一种传统技艺，而是成为社区居民沟通和交流的纽带。茶文化的推广，超越了简单的知识传授，成为构建和谐社区、增强社会凝聚力的重要手段。

海南本土茶文化的深化，不仅是在传承传统文化，更是在探索如何将这些传统文化与现代社会相结合，使其焕发出新的生机与活力。通过深入挖掘区域文化，充分利用本地资源，并推动社区的广泛参与，海南的茶文化正在逐步走向复兴，并在更广泛的范围内得到传播与认可。在这一过程中，茶文化不仅成为海南地域文化的重要象征，更成为连接过去与未来、传统与现代的桥梁。通过这种方式，海南本土茶文化得以在新时代下发扬光大，成为海南人民共同珍视和传承的文化瑰宝。

第二节　对茶艺教育者的建议与启示

一、创新教学方法

在当今教育领域，创新教学方法的重要性愈发凸显。为了培养具有实践能力和创新思维的学生，教师逐渐摒弃了传统的单一讲授方式，转而采用更为多样化和生动的教学模式，以期在课堂内外都能充分调动学生的积极性和创造力。

互动式教学方法是一种越来越受到青睐的教学方式。它强调教师与学生之间的双向交流，打破了传统课堂中教师单方面灌输知识的局面。通过互动，教师不仅能更好地了解学生的理解程度和需求，还能根据课堂上的即时反馈调整教学内容和方式，从而达到更好的教学效果。

互动式教学的形式多种多样，案例教学是其中的一种有效方式。通过分析真实或模拟的案例，学生能够将理论知识与实际问题相结合，学会如何在复杂多变的情境中应用所学。小组讨论也是互动式教学的重要组成部分，学生在小组中分享观点、讨论问题，不仅有助于加深对知识的理解，还能培养团队合作精神和沟通能力。而角色扮演则更进一步，让学生在模拟的情境中扮演不同角色，通过亲身体验来理解不同立场、权衡利弊，进而提升解决问题的能力。

在现代教育中，实践教学的重要性也日益受到重视。相较于单纯的理论学习，实践教学能够让学生在真实的环境中接触和操作所学内容，这种"做中学"的方式能够显著增强学生对知识的掌握和应用能力。尤其是在茶艺教学中，实践教学显得尤为重要。通过实地参观茶园、茶厂等地，学生能够直接了解茶叶的生产和加工过程，感受从茶树到茶杯的整个茶文化链条。在这些参观活动中，学生不仅能够学习到课本上难以涉及的内容，还能通过与茶农和茶艺师的交流，深入了解茶叶生产中的细节和技术。而在现场操作和实习机会中，学生更是能够亲手泡制茶饮，练习茶道礼仪，掌握茶艺技能。这些实践经验不仅有助于巩固课堂上学到的知识，更为学生提供了一个将理论与实际结合的平台，使他们在未来的职业生涯中能够得心应手。

多媒体技术的引入为教学带来了新的可能性。相比于传统的黑板加粉笔的教学方式，多媒体技术能够为课堂增加更多的直观性和趣味性。视频、动画和图像的使用，可以将抽象的概念具象化，帮助学生更好地理解复杂的知识点。例如，在讲解茶叶的分类和制作工艺时，通过视频演示茶叶从采摘到加工的全过程，学生能够直观地看到每一个步骤的细节，而不仅是通过文字或口头描述来理解。此外，动画和图像的使用还能够将某些动态的或微观的过程展示出来，使学生能够更深入地了解知识背后的原理。在茶艺教学中，通过播放一些著名茶艺师的表演视频，学生不仅可以欣赏到专业的茶艺表演，还能反复观看学习其技法和手势的细节。在这种多感官参与的学习过程中，学生的注意力和记忆力都能够得到有效提升，学习效果也因此更加显著。

二、提升专业素养

提升专业素养是茶艺教育者在其职业生涯中不可或缺的一部分，贯穿始终并不断深化。茶艺教育不仅是一项技术性的工作，更承担着文化传承与创新的使命。因此，教育者必须在自身专业素养的提升上投入大量精力，通过持续学习、研究与创新，才能真正胜任这一重要职责。

茶艺教育者需要持续学习，以不断丰富和更新自己的知识体系。茶文化博大精深，涵盖了历史、地理、哲学、艺术、健康等多个领域。要想成为一名合格的茶艺教育者，必须拥有广博的知识。然而，茶艺的发展并非一成不变，而是在不断演变和更新的。茶叶的品种、种植技术、制作工艺、冲泡技巧以及茶文化的传播方式等都在随着时间以及科技的进步而发生变化。因此，茶艺教育者必须紧跟行业的最新动态，参加各种培训和研讨会，以学习最前沿的茶艺知识和教育方法。通过这些学习，教育者不仅能掌握新的知识和技能，还能开阔眼界，了解行业的未来发展趋势，从而更好地引导学生走向成功的茶艺之路。

研究与创新是茶艺教育者提升专业素养的重要途径之一。作为教育者，不仅要传授已有的知识，更要勇于探索和创新。茶艺教育的目的是让学生掌握基本的茶艺技能和深刻理解茶文化的精髓，并能将其应用到实际生活中。这就要求教育者不断进行教学研究，探索新的教学模式和方法，以适应不同学生的需求和社会的发展。例如，将传统的茶艺教育与现代科技相结合，通过多媒体、虚拟现实等手段更直观地展示茶艺的美妙之处；设计互动性更强的教学活动，让学生在实践中更好地理解和掌握茶艺；通过跨学科的教学方式，将茶艺与其他文化艺术形式相结合，激发学生的兴趣和创作灵感。通过这些创新，茶艺教育者不仅能提高教学效果，还能推动整个茶艺行业的发展与进步。

文化理解是茶艺教育者不可或缺的素养之一。在全球化的今天，茶文化不仅在中国大地上传承和发展，也在世界各地广泛传播。不同的文化背景下，人们对茶的理解和习惯各有不同。这就要求茶艺教育者具备跨文化沟通的能力，能够有效地向不同文化背景的学生传授茶艺知识。在这一过程中，教育者需要深入理解和尊重茶文化的多样性，认识到每种文化对茶的诠释都是其历史、地理、宗教、习俗等多种因素共同作用的结果。例如，在西方文化中，茶往往与下午茶、社交礼仪等联系在一起，而在中国，更多地被赋予了哲学、健康等方面的意义。茶艺教育者应当在教学中充分考虑这些文化差异，采用灵活的教学方法，使学生能够在他们的文化背景下更好地理解和接受茶艺。同时，教育者也应鼓励学生在学习茶艺的过程中，尊重和包容不同文化的特点，从而更好地传播和弘扬茶文化。

茶艺教育者要想在职业生涯中不断提升自己的专业素养，必须在持续学习、研究与创新以及文化理解等方面下功夫。通过不断学习，教育者能够紧跟时代的步伐，掌握最新的茶艺知识和教学方法；通过研究与创新，教育者能够在教学中探索出更有效的方式，提升学生的学习效果；通过深入理解和尊重不同文化，教育者能够在全球化的背景下，更好地传播茶文化。只有通过不懈的努力，茶艺教育者才能真正胜任这一神圣的职责，肩负起传承和弘扬茶文化的使命，为茶艺教育事业的发展做出更大的贡献。

三、建立良好师生关系

建立良好的师生关系是教育教学过程中至关重要的一环，这不仅影响学生的学业表现，更对其身心发展产生深远的影响。教师在日常教学中，既是知识的传播者，又是学生成长道路上的引导者和支持者。因此，教师应注重关心学生的成长，鼓励他们自主学习，并努力营造积极向上的学习氛围，从而建立一种和谐、互信的师生关系。

关心学生的成长是建立良好师生关系的基础。每个学生都有其独特的性格、兴趣和需求，通过与学生的日常交流，教师可以逐步掌握每个学生的优点和不足，了解他们的兴趣爱好和内在动力。这种对学生的深入了解不仅可以帮助教师更好地因材施教，也能够让学生感受到教师对他们的关心和重视，进而增强他们的学习积极性和信心。

教师在了解学生需求的基础上，应提供有针对性的指导和支持。比如，对于那些在某些科目上表现出色的学生，教师可以给予他们更具挑战性的任务，鼓励他们深入探索相关领域，拓宽他们的知识面；而对于那些学习上遇到困难的学生，教师则应给予更多的耐心和帮助，帮助他们找到适合自己的学习方法，逐步克服学习上的障碍。同时，教师也应关注学生的心理健康，帮助他们处理学习和生活中的压力，提供情感上的支持和鼓励。这样，学生不仅能在学业上取得进步，也能在心理和情感上得到成长。

鼓励学生自主学习是培养学生独立思考能力和创新精神的重要途径。教师应认识到，学生的学习不应仅限于课堂上的知识传授，而应该拓展到更广泛的领域。自主学习不仅能够激发学生的学习兴趣，还能培养他们的自律性和问题解决能力。教师可以通过多种方式来激发学生的自主学习意识，比如布置开放性作业，鼓励学生进行课外阅读，或者引导他们参与各种兴趣小组和社团活动。在这些过程中，学生可以根据自己的兴趣和需求，自主选择学习内容和方式，培养探索精神和创新思维。

为了支持学生自主学习，教师还应为学生提供丰富的学习资源和自由发展的空间。随着信息技术的迅速发展，教师可以利用各种数字化资源，如在线课程、电子图书、学术论文等，为学生提供更多的学习材料和学习途径。与此同时，教师应鼓励学生利用这些资源进行自主学习，并给予他们充分的自由，允许他们在一定范围内自由选择学习内容和进度。这种自由度不仅能够让学生更加自主地规划自己的学习，还能够培养他们的责任感和独立性，为他们未来的学习和生活打下坚实的基础。

营造积极向上的学习氛围是促进学生共同进步的重要条件。在一个良好的学习环境中，学生不仅能够更好地获取知识，还能够在相互交流和合作中获得成长。教师在课堂上应营造一种开放、包容的氛围，鼓励学生发表自己的见解，尊重彼此的意见。通过小组讨论、课题研究等方式，教师可以引导学生相互学习，分享彼此的经验和心得。这样的学习氛围不仅能够促进学生之间的合作与交流，还能够激发他们的学习兴趣和动力。

教师还可以通过组织各种课外活动，如学术竞赛、社团活动、文化交流等，进一步丰富学生的学习体验。在这些活动中，学生能够走出课堂，接触到更广泛的知识领域，培养团队合作精神和社会责任感。这些活动不仅有助于拓宽学生的视野，还能够增强他们的自信心和成就感，促使他们在未来的学习和生活中更加积极主动。

建立良好的师生关系需要教师在日常教学中付出真诚的关心和努力。关心学生的成长，了解他们的需求和兴趣，提供有针对性的指导和支持，使学生在学业和人格上取得全面的发展。与此同时，鼓励学生自主学习，并为他们提供丰富的学习资源和自由发展的空间，培养学生的独立性和创新精神。而通过营造积极向上的学习氛围，教师能够促进学生之间的交流与合作，共同进步，从而在学生心中树立起对学习的热爱和对未来的信心。只有在这样的良好师生关系下，教育的真正价值才能得以实现，学生也才能在未来的人生道路上走得更加坚定和自信。

参考文献

[1] 王婷."茶文化与茶艺"课程教学实习信息化探索 [C].2024 年"传承·弘扬中华文化"高峰论坛论文集,2024.

[2] 陈蔚,苏枫.高职茶艺人才培养的课程思政研究与实践 [J]. 湖北开放大学学报,2024,44(3):47-51.

[3] 郑琦,贾丽娜,杨鸿鹏.茶文化与思政教育的创新融合模式 [J]. 福建茶叶,2024,46(6):122-124.

[4] 冯安琪.茶艺的文化传承与创新实践 [J]. 福建茶叶,2024,46(6):74-76.

[5] 刘兴红.茶艺课程思政的实现路径研究 [J]. 天南,2024(2):60-62.

[6] 陈暇.课程思政视角下的中职《茶艺》教学设计研究 [D]. 云南师范大学,2023.

[7] 覃美绒.高校茶艺教学中传统文化与课程思政融合的实践与思考 [J]. 福建茶叶,2022,44(11):121-123.

[8] 吕志勇.自贸港高端服务人才培养中"茶文化+"模式探索——以海南省三亚技师学院茶文化课程教学为例 [J]. 新教育,2022(17):94-96.

[9] 陈燕娜.海南中职学校茶文化课程传承茶文化的途径 [J]. 海南开放大学学报,2022,23(1):113-119.

[10] 杨宇,蓝一君.茶文化普及现状及其教育对策 [J]. 职业,2021(5):86-88.

[11] 汪汇源.海南茶产业的文化内涵及产业化途径 [J]. 世界热带农业信息,2020(3):27-29.

[12] 于澄清,黄景贵,李小玲.海南茶产业升级转型中的人才需求与培养思考 [J]. 商场现代化,2018(3):9-12.

[13] 特色茶艺浸润一身芬芳 [J]. 中国民族教育 ,2018(1):66.

[14] 林文超 , 陈芳 . 海南茶文化旅游人才开发管理研究 [J]. 当代旅游 (高尔夫旅行),2017(12):65-66.

[15] 符长青 . 文化介入视阈下的海南茶艺翻译研究 [J]. 福建茶叶 ,2017,39(4):167-168.

[16] 于澄清 , 李小玲 . 茶文化对海南茶产业发展的影响作用研究 [J]. 中国集体经济 ,2017(7):13-14.

[17] 赵媛媛 . 海南省绿茶文化主题旅游产品的开发与设计 [J]. 现代商业 ,2014(6):61-62.

[18] Ganeshpurkar A , Saluja A K .Protective effect of catechin on humoral and cell mediated immunity in rat model[J].Chem Biol Interact, 2017, 273:261-266. DOI:10.1016/j.intimp.2017.11.022.

[19] 苟惠 , 陈平 , 耿瑞蔓 , 等 . 天然产物 EGCG 作为肿瘤辅助治疗药物的分子机制及其应用研究进展 [J]. 生命科学 ,2022,34(9):1190-1198.

[20] 陈沛 , 李莹 , 陈纪春 , 等 . 中老年人群饮茶与血脂水平关系的横断面研究 [J]. 中国循环杂志 ,2017,32(5):465-469.